U0147549

Python开发从入门到精通系列

Python
跨平台应用软件开发实战

卞安 著

PYTHON CROSS-PLATFORM
DEVELOPMENT
IN ACTION

机械工业出版社
CHINA MACHINE PRESS

这是一本讲解如何使用 Python 基于工具化流程进行跨平台应用软件开发的书籍。本书从简单的计算器软件入手，通过一系列由浅入深的工程案例，让开发者一步步掌握应用软件的开发流程和设计方法，熟悉常用的界面控件、功能组件和打包工具，并在这个过程中同步掌握 PyMe 的可视化开发流程，进而有能力基于 Python 语言进行跨平台软件的开发工作。本书结构紧凑，内容由浅入深，是学习掌握可视化流程进行 Python 应用软件开发的实战型书籍。

本书为读者提供了全部案例源代码下载和高清学习视频，读者可以直接扫描二维码观看。

本书适合 Python 初学者、希望使用 Python 进行应用软件开发的工程师、希望快速提升 Python 开发能力的初级程序员，以及在校相关专业师生阅读。

图书在版编目（CIP）数据

Python 跨平台应用软件开发实战 / 卞安著 . —北京：机械工业出版社，2023.10
（Python 开发从入门到精通系列）
ISBN 978-7-111-73538-0

Ⅰ.①P… Ⅱ.①卞… Ⅲ.①软件工具–程序设计 Ⅳ.①TP311.561

中国国家版本馆 CIP 数据核字（2023）第 133966 号

机械工业出版社（北京市百万庄大街22号 邮政编码100037）
策划编辑：李培培 责任编辑：李培培
责任校对：薄萌钰 梁 静 责任印制：张 博
保定市中画美凯印刷有限公司印刷
2023 年 11 月第 1 版第 1 次印刷
184mm×260mm·16.5 印张·443 千字
标准书号：ISBN 978-7-111-73538-0
定价：99.00 元

电话服务 网络服务
客服电话：010-88361066 机 工 官 网：www.cmpbook.com
010-88379833 机 工 官 博：weibo.com/cmp1952
010-68326294 金 书 网：www.golden-book.com
封底无防伪标均为盗版 机工教育服务网：www.cmpedu.com

前　言

PREFACE

随着人工智能和大数据等相关科技的发展，Python 语言越来越受到广大学生和科研工作者的重视。Python 语言学习和使用非常简单，同时具有强大且丰富的功能库，使得每个有编程需要的人都可以在短时间内掌握并使用它。但与不断扩大的用户群相比，Python 在主要的桌面应用和移动应用开发领域却鲜有建树。虽然 Python 语言存在缺少可视化 IDE 等问题，但其已经逐步成为一种全球化大众编程语言，对于开发者来说，如果能仅使用 Python 一门语言即可完成各种应用软件开发，那将节约大量时间，从而提高工作效率。

鉴于广大开发者对使用 Python 语言进行桌面应用软件设计、开发以及打包发布有较大的实际使用需求，本书推出了可视化一站式开发工具 PyMe 来辅助开发者更好地进行跨平台软件开发，通过可视化开发流程，Python 开发者可以在短时间内完成复杂界面的软件开发。

本书内容体系

本书共分为 11 章，其中前 3 章为基础部分，主要为基本流程框架方面的知识。从第 4~10 章为进阶部分，主要基于框架进行各类型应用项目的实操。第 11 章为拓展部分，主要讲解界面美化的相关技巧。

基础部分

第 1 章为基本概念，主要介绍 Python 应用开发的现状、开发环境涉及的安装方法和工具，以及如何打包出执行软件，并引出 PyMe，通过一个小实例演示如何通过工具化的流程进行应用软件开发。

第 2 章通过展示基础界面应用"计算器"项目的设计与开发过程，帮助开发者掌握基本的控件摆放、文字变量绑定和按钮事件处理等方法。

第 3 章通过一个注册界面介绍界面各控件的数据存取方法，帮助读者掌握输入控件 Entry、RadioButton、ComboBox，并通过 PyMe 提供的函数库，方便绑定控件的数据存取。

进阶部分

第 4 章是一个简单的物流查询实例，通过 urllib 来实现基于 HTTP 的网络数据查询，通过控件 LabelFrame、ListBox、CheckButton 的组合完成一个界面化的网络查询工具。实战练习为开发一个火车票查询软件。

第 5 章介绍 PDF 文件的合并与拆分，在这个案例中涉及如何使用容器类控件，容器类控件的原理，以及如何将控件嵌入到容器类控件中。实战练习为开发一个文档转换工具软件。

第 6 章介绍如何开发一个单文档 Python 编辑工具，在这个项目中涉及在个人开发的 Python 编辑器中进行 Python 编程，以及如何在界面上使用菜单。实战练习为开发一个翻译软件。

第 7 章介绍如何开发多文档管理软件。通过这个软件展示了分割窗体和树型控件的用法，为开发更复杂的框架界面打下基础。实战练习为开发一个爬虫应用软件。

第 8 章介绍如何开发一个五子棋游戏，通过这个游戏展示了画板（Canvas）控件的各项绘图操作，为后期进行游戏开发打下基础。实战练习为开发一个趣味十足的苹果机游戏。

第 9 章介绍如何基于 OpenCV 开发一个视频播放器，在这个项目中介绍了基于 OpenCV 进行音视频播放的方法，以及调用摄像头捕捉图像并显示的方法。实战练习为开发一个人脸识别工具软件。

第 10 章介绍如何开发一个小型的数据库管理系统，在这个系统中介绍了 Python 在数据分析和操作方面的能力与界面相互结合，并通过 Python 中知名的 Matplotlib 库来展现数据图表。通过本章的学习，读者可以自如地应对一般的数据库管理系统的开发，并能够帮助用户通过软件对数据进行分析和统计。

拓展部分

第 11 章界面美化，介绍了如何在 PyMe 中进行 ttk 样式的编辑和应用，了解如何在皮肤商店下载皮肤的方法，以及如何成为一个 UP 主在 PyMe 中发布作品。

本书读者对象

- 学习 Python 的初学者。
- 希望使用 Python 进行应用软件开发的工程师。
- 希望快速提升 Python 开发能力的初级程序员。
- 希望通过 Python 进行外包项目开发的程序员。

关于随书资源和读者反馈

本书附赠 PyMe 参考文档所有实例的源代码。代码全部基于 Python 3.8 和 PyMe 运行通过，但由于测试力度有限，难免出现差错，如果发现问题，请发送电子邮件至 285421210@ qq.com，以便在下一版中改进。

本书致谢

感谢机械工业出版社李培培老师的耐心指导。

感谢伴随 PyMe 从无到有一路走来的粉丝。

感谢疯狂游戏 CPO 孙劲超先生在我最困难的时候对 PyMe 的资金支持。

最后感谢家人的支持，使我可以辞去工作后专心做自己喜欢的事，每天乐于码海泛舟。如果没有家人的支持，一切成功也将无从谈起。

作　者

CONTENTS 目录

第 1 章

Python应用软件开发基础

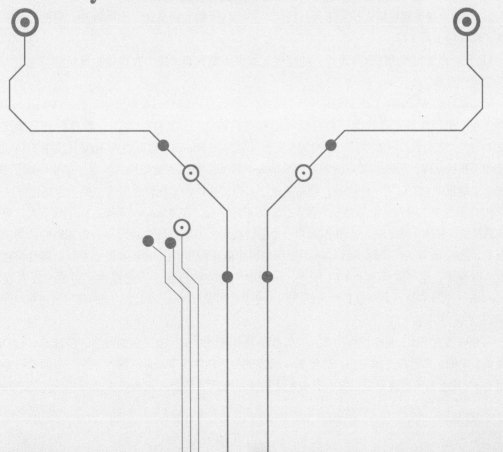

在进行应用软件开发之前，读者首先要对 Python 这门语言的发展现状和未来有一个认知，并了解 Python 开发应用软件的一般流程。本章主要介绍 Python 开发环境的搭建和一些必要的工具软件与工具包。在完成这些学习准备工作之后展示了一个简单的界面程序，帮助读者理解为什么要学习基于工具化进行 Python 应用软件开发。

1.1　Python 应用软件开发概述

本节首先通过介绍 Python 应用软件开发的发展变化，让读者了解 Python 应用软件开发的现状，然后通过对比应用软件开发的一般流程和工具化流程，让读者认识到开发工具的重要性。在本节中也将介绍如何搭建 Python 开发环境，并介绍几种主流打包应用软件的工具使用。

▶▶ 1.1.1　Python 应用软件开发现状

Python 语言最初是一种教学语言，它提供了高效的数据结构，也能简单有效地进行面向对象编程，成为多数平台上使用的脚本语言，随着版本的不断更新和语言新功能的添加，它才逐渐被用于独立项目的开发。与主流的 C++、JAVA、Object C 等应用软件开发编程语言相比，Python 语言更多作为系统嵌入的脚本解决方案以增强项目的灵活性，或者单独作为脚本语言执行作业。

当前大量的应用软件开发，都需要包含界面的展示，从研发的技术选型角度考虑，一般应用软件的开发需要对相应的编程语言技术栈考察以下基本要素。

1）是否可满足平台需要：指定的平台上是否有成熟的运行方案。

2）是否具备工程化集成开发工具：提供对应用软件的项目搭建、文件管理、界面设计、调试发布等工程化的工具支撑。

3）是否需要完善的图形界面库：前端展现如果需要界面，是否有提供数量足够、视觉美观的界面逻辑控件支撑。

比如微软的 Windows 系统长期在全世界范围内都具有较高的占有率，该系统的 Visual Studio 开发工具作为应用软件开发领域使用最广泛的编程工具箱之一，其中包含了一款重要的开发工具——Visual C++，它基于 C++语言和一套内置丰富界面控件的 Windows 框架类库 MFC（见图 1-1），通过可视化的工具链支撑，可以非常方便地进行 Windows 界面工程的搭建与设计实现，这也促成了 Windows 系统之上数量庞大的应用软件产品，同时奠定了 C++语言作为桌面软件开发主要语言的地位。

MFC 系统虽然强大，但是有一个弱点，即不可跨平台。在 Windows 系统占据主流个人计算机操作系统的很长一段时间内，这一点并不成为一个主要痛点，但部分行业对跨平台应用软件的需求是长期存在的，这时 Qt 作为一个跨平台 C++图形用户界面应用程序开发框架就登上了历史舞台，它既可以开发 GUI 程序，也可以开发非 GUI 程序，采用面向对象的框架，同时提供了可视化界面设计工具 Qt Creator（见图 1-2），后经过多次企业收购和完善，目前已经逐步成为主流的跨平台应用软件的开发框架。

与 C++语言相比，Java 编程语言开发的产品具有安全性高、跨平台的特性，经过 Sun 和 Oracle 两家巨头公司的长期建设更加完善。虽然 Java 开发的应用软件在 Windows 操作系统上不如 C++多，但在基于 Linux 操作系统的商用应用服务器和大型集成系统开发与嵌入式系统中占领霸主地位。Java 内置

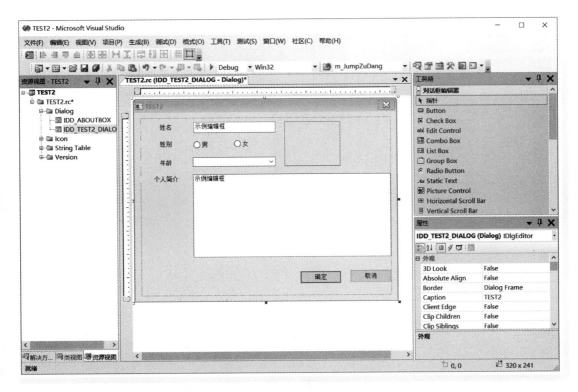

● 图 1-1　MFC 开发界面应用

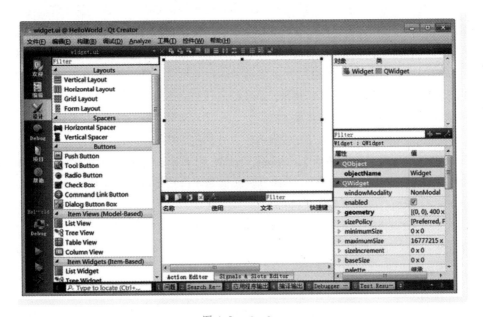

● 图 1-2　Qt Creator

AWT 和 Swing 等 GUI 工具包，配合 Eclipse（见图 1-3）和 IntelliJ IDEA 等开发工具，也可方便地进行跨平台 GUI 应用软件开发。移动互联网时代之初，Google 开发了安卓操作系统，同时以 Java 编程语言作为安卓应用软件的开发语言并推出 Android Studio 可视化开发工具，进而造就了丰富的安卓应用生态，进一步夯实了 Java 作为移动应用软件开发的首选开发语言。

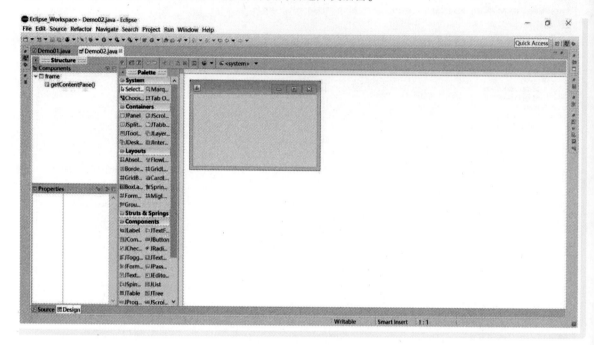

● 图 1-3　Eclipse 中的 WindowBuilder 插件界面设计器

在个人消费电子领域，苹果公司的产品一直以来以优秀的体验和设计感得到了许多用户的长期青睐，特别是移动互联网时代，iPhone 已经成为移动手机高端设备市场份额占有率较高的产品。这些设备对应用产品的需求广泛，苹果公司通过应用商店这个统一的应用发布平台，对苹果开发者进行扶持，并发布了专门针对苹果设备的应用开发语言 Object C 和与之配合的强大集成可视化开发工具 XCode（见图 1-4），基于 Mac 笔记本和其操作系统的良好图形界面和操作体验，成功促成大量开发者进入，持续建设起了一个巨大的应用开发生态。

当然，除了上面几种主流的应用开发编程语言之外，在计算机和移动应用开发领域，各种新的语言和开发工具也层出不穷，比如使用 JavaScript、HTML 和 CSS 构建跨平台桌面应用的 Electron（见图 1-5）以及可以帮助开发者通过一套代码库高效构建多平台精美应用并支持移动、Web、桌面和嵌入式平台的 Google 开源用户界面工具包 Flutter 等。

面对这么多强大的编程语言和开发工具，Python 作为一种很早就诞生的编程语言，长期以来给人的印象就是作为短小灵活的脚本语言来执行，而不太会用来开发复杂的界面应用项目，所以也就没有很多与之配套的工具软件来辅助项目搭建和界面设计，从而限制了 Python 在桌面应用和移动应用方面的开发。

现在这个矛盾正越来越突出，具体表现如下。

1）Python 缺少一款易用的全流程可视化集成开发工具，开发者无法快速搭建桌面应用框架，只能手写各界面布局和逻辑实现以及打包命令，这相比于现在主流的开发语言，开发和维护成本都太大。

2）Python 内置的界面库 tkinter 比较简单，不够美观和多样化，无法很好地满足当今用户需要，而学习 PyQt 对于广大的 Python 开发者而言，又门槛略高。

3）Python 的应用打包比较烦琐，包体较大，而移动端打包尚不成熟，无法方便地打包移动应用。

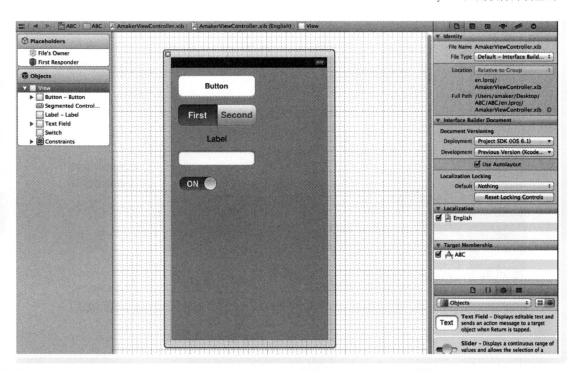

● 图 1-4　通过 XCode 中的 InterfaceBuilder 构建界面

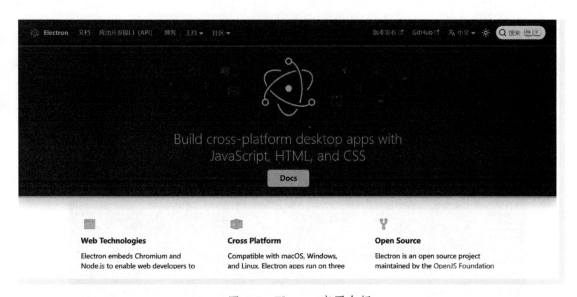

● 图 1-5　Electron 官网介绍

　　在可视化集成开发工具方面，虽然目前来说，使用 Python 开发应用程序仍存在一些不便，但这种现状正在得到改变。PyMe 初步建立起了一套完整易用的开发流程。相较于 Qt Creator 和其他一些 Python 界面项目解决方案，PyMe 可以帮助开发者非常方便地创建项目，并对项目开发过程中的界面设计、逻辑处理、调试打包、皮肤美化进行全方位把控，极大地提升了项目开发效率，更可提供移动应用打包的能力（见图 1-6）。

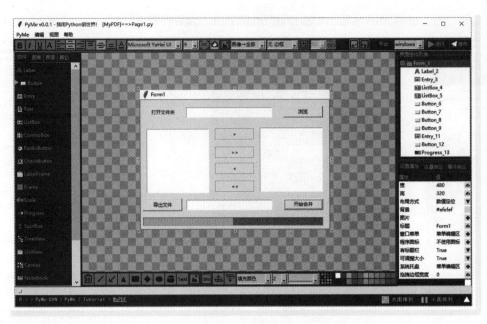

● 图 1-6　使用 PyMe 设计的 PDF 文件处理工具

越来越多的三方界面库的出现，也使得 Python 应用界面的观感得到大幅改善，比如 ttkbootstrap（见图 1-7）。

● 图 1-7　ttkbootstrap 的界面样式示例

在移动开发领域，Kivy（见图 1-8）和 BeeWare（见图 1-9）两种针对移动设备应用开发框架的出现，也为 Python 进行移动设备应用开发提供了支持。目前来看，虽然它们还不够完善，但也在快速的发展中，未来或许可以实现良好的可用性。

● 图 1-8　Kivy 支持的操作系统

● 图 1-9　BeeWare 的介绍

随着 Python 开发者的持续增加，一定会出现越来越多的优秀工具来完善 Python 开发桌面和移动应用的功能，这是发展的必然。

▶▶ 1.1.2　Python 开发环境与工具

在进行 Python 开发前，首先要保证当前的计算机上已经安装有 Python 的开发环境。一般来说，Python 的安装有两种方式。

1）通过 Python 安装包安装：从 Python 安装包里安装，只包括 Python 的运行环境和基本库。

2）通过虚拟环境 Anaconda 安装：这是一个开源的包环境管理器，包括 Python 和 NumPy 等 180 多个科学包和依赖项，这样可以直接使用一整套已经安装好的开发环境，Anaconda 也可以在当前操作系统内保持多个不同版本的环境并相互隔离，比较方便开发者在多个 Python 版本环境中切换。

由于网上拥有非常多的安装教程，大多数开发者在学习 Python 应用开发之前已经掌握了 Python 的下载安装方法，这里不再赘述。把 Python 安装好后，接下来可以选一款自己喜欢的文本编辑器来辅助进行代码的编写和调试，Visual Studio Code（简称 VSCode）、Sublime Text、PyCharm 是 3 种主流的代码编辑器软件（见图 1-10）。

VSCode 是一款由微软开发的跨平台免费源代码编辑器。该软件支持语法高亮、代码自动补全

VSCode   Sublime Text   PyCharm

● 图 1-10　3 种主流的 Python 开发工具

（又称 IntelliSense）、代码重构、查看定义功能，并且内置了命令行工具和 Git 版本控制系统。用户可以更改主题和键盘快捷方式实现个性化设置，也可以通过内置的扩展程序商店安装扩展以拓展软件功能。内置了对多种语言（如 C++、C#、Java、Python、PHP、Go）的支持和运行时扩展的生态系统。开发者可以通过官网（https：//code.visualstudio.com）找到所用操作系统的版本进行下载。

Sublime Text 是一款由程序员 Jon Skinner 于 2008 年 1 月开发的个人文本编辑器，它最初被设计为一个具有丰富扩展功能的 Vim，具有体积小、启动快、运行快的特点，还有方便的配色及兼容 Vim 快捷键等优点，博得了许多程序员的喜爱，感兴趣的开发者可以通过官网（https：//www.sublimetext.cn.com）找到所用操作系统的版本进行下载。

PyCharm 是一个专业的 Python 集成开发工具，带有一整套可以帮助用户在使用 Python 语言开发时提高其效率的工具，比如调试、语法高亮、项目管理、代码跳转、智能提示、自动完成、单元测试、版本控制。此外，该 IDE 提供了一些高级功能，用于支持 Django 框架下的专业 Web 开发。在规模较大的 Python 项目上，PyCharm 具有很好地口碑。一般个人开发者可以使用其免费的社区版进行项目开发。如果使用专业版则要支付一定费用。官方下载网址：https：//www.jetbrains.com/zh-cn/pycharm/download。

▶▶ 1.1.3　Python 应用软件的打包与发布

完成了项目的开发后，一般需要交付给用户一个可执行程序，这时就需要使用一些打包库将项目打包成相应操作系统的可执行程序，作为一个独立的应用软件发布，这样用户就可以不用再安装 Python 而直接运行。

常用的第三方打包库有 cx-freeze、PyInstaller、Nuitka。在这里使用一个简单的 helloworld 程序来演示其打包用法。

首先创建一个文件 "helloworld.py"：

```
# -*- coding: utf-8 -*-
print("欢迎学习 Python 应用开发")
```

1. 使用 cx-freeze 生成可执行程序

具体的用法如下。

1）使用 pip 安装 cx-freeze。

```
pip install cx-freeze
```

2）在命令窗口继续输入以下命令。

```
cxfreeze --target-dir=dist "helloworld.py"
```

其中 helloworld.py 是需要编译的程序文件，dist 是目标文件夹，打包完后会成为 dist 文件夹，并将生成的可执行文件放在这里。

执行后可以看到以下输出（见图 1-11）。

● 图 1-11　cx-freeze 打包输出的文件列表

2. 使用 PyInstaller 生成可执行程序

PyInstaller 是一个简单又十分强大的打包工具，也是目前广泛使用的打包方式之一。

1）首先使用 pip 安装 PyInstaller。

```
pip install pyinstaller
```

2）通过运行命令对 Python 文件进行打包。

使用 PyInstaller 打包，可以选择两种方式：打包为文件夹和单文件。打包为文件夹会将生成的可执行文件和所需要的所有库都放在一个文件夹里面，而打包为单文件则只会生成一个独立的可执行文件，所有需要的库都被一并打包进可执行文件内部，所以这种方式打包出的可执行文件容量相较于文件夹方式会大许多。

文件夹模式为默认打包模式，直接执行命令：

```
pyinstaller "helloworld.py"
```

打包完成后，会成生一个 helloworld 的目标文件夹。

单文件打包需要加上 -F 参数：

```
pyinstaller - F "helloworld.py"
```

除了 -F 参数外，PyInstaller 还提供了其他参数（见表 1-1）。

表 1-1　PyInstaller 的打包参数列表

参 数 符 号	参 数 说 明
h	查看该模块的帮助信息
F	打包单个的可执行文件
D	产生一个文件夹（包含多个文件和库）作为可执行程序
w	指定程序运行时不显示命令行窗口（仅对 Windows 有效）

（续）

参 数 符 号	参 数 说 明
o [dir]	指定 spec 文件的生成文件夹。如果没有指定，则默认使用当前文件夹来生成 spec 文件
upx-dir	指定使用的 upx 压缩工具对文件进行压缩，减小文件体积
clean	在构建之前，请清理 PyInstaller 缓存并删除临时文件
a	不包含 Unicode 字符集支持
d	产生 debug 版本的可执行文件
c	指定使用命令行窗口运行程序（仅对 Windows 有效）
p [dir]	设置 Python 导入模块的路径（和设置 PYTHONPATH 环境变量的作用相似）
n	指定项目（产生的 spec）名字。如果省略该选项，那么第一个脚本的主文件名将作为 spec 的名字

在使用 PyInstaller 进行单文件程序打包时，如果希望可执行程序的体积尽量小，可以考虑使用 UPX 压缩工具来压缩，UPX 的官网地址为：https：//upx.github.io/ 通过首页可以进入 github 的对应页面：https：//github.com/upx/upx/releases/tag/v4.0.2。

选择合适的版本下载后，在打包时通过 --upx-dir 来设定 PyInstaller，打包时使用 UPX 进行压缩就可以了。

```
pyinstaller --upx-dir=x:\xxx\upx.exe xx.py
```

完成打包后，可以在当前工程目录下看到两个生成的目录 build 和 dist，其中 build 为构建程序所生成的临时文件，dist 为目标执行程序和相关库所在的文件目录（见图 1-12）。

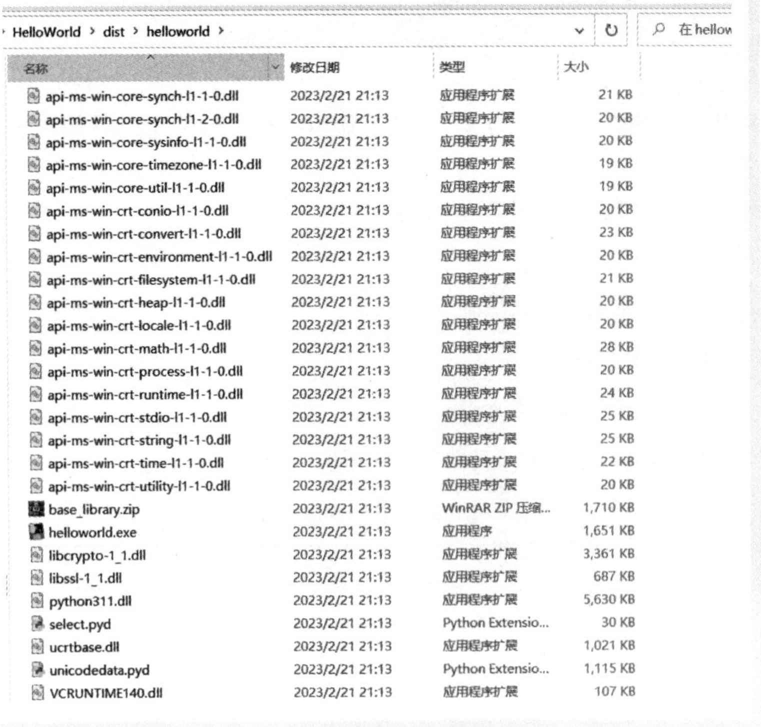

● 图 1-12　PyInstaller 打包输出的文件列表

3. 使用 Nuitka 生成可执行程序

Nuitka 是一个可以将 Python 代码转换为 C 代码再进行编译的工具，它与其他几个打包工具不同之处在于需要下载 C 编译器，通过 C 编译器对项目主要的 Python 逻辑代码进行编译，并通过一个动态链接库来执行第三方包里的 Python 代码。通过这样的方式，Nuitka 打出的包运行速度快，且 exe 包体较小，也更加安全。

1）下载 C 编译器（MinGW-w64、GCC 等）并将执行程序路径加入当前操作系统的 PATH。

以 MinGW-w64 为例，下载地址：https：//sourceforge.net/projects/mingw-w64/files/mingw-w64/mingw-w64-release/。

如果是 Windows 系统，根据情况选择下面的 MinGW-w64 GCC-8.1.0（见图 1-13）。

● 图 1-13　MinGW-w64 下载页面

下面有 8 个链接，分别使用不同的关键字组成。前缀 x86_64 代表适用于 Win64 操作系统，i686 代表适用于 Win32 操作系统。中间的 posix 和 win32 分别代表线程模式，posix 适用于 Linux 和 macOS，而 Win32 适用于 Windows 系列操作系统。扩展名 sjlj、dwarf、seh 分别为 3 种不同的异常处理模式。sjlj 全称为 SetJump/LongJump，前者设还原点，后者跳到还原点，既可用于 Win32 操作系统，也可用于 Win64 操作系统。dwarf 只可用于 Win32 操作系统，需要整个调用堆栈被启动，主要用于系统 DLL，seh 只可用于 Win64 操作系统，利用了 FS 段寄存器，将还原点压入栈，收到异常时再弹出，性能比 sjlj 快。

如果是使用 Win64 操作系统，单击 x86_64_win32-seh 这个链接就可以了（见图 1-14）。

单击下载并解压到合适的目录后，在当前系统的高级系统设置-环境变量中将当前目录下的 bin 目录加入系统变量的 PATH 变量中（见图 1-15）。

设置好后通过命令行输入：

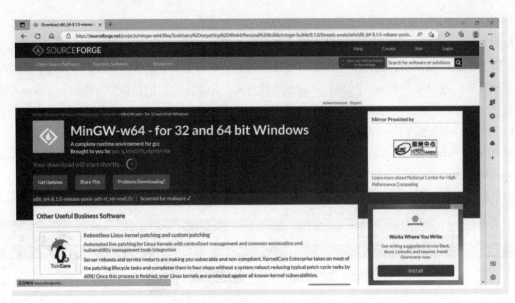

● 图 1-14　正在下载中的 MinGW-w64

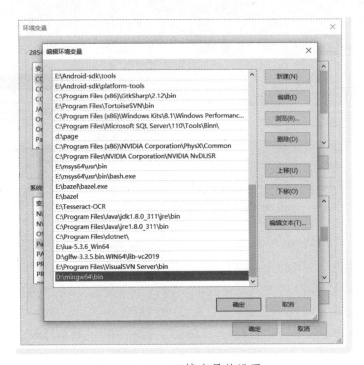

● 图 1-15　环境变量的设置

```
gcc --version
g++ --version
gdb --version
```

如果能看到这 3 个工具的信息，就说明安装设置就成功了（见图 1-16）。

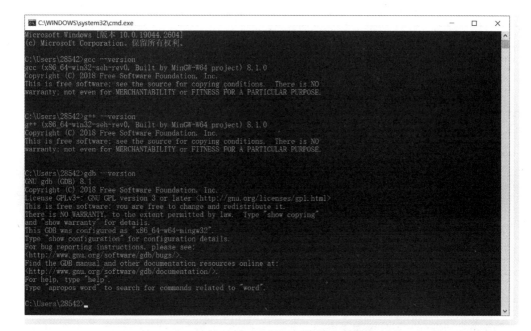

● 图 1-16 运行 gcc 等命令的输出结果

2）安装 Nuitka。

通过执行命令 pip install nuitka 执行安装。

3）使用 nuitka 命令进行 Python 代码的代包。

在命令行窗口执行 nuitka "helloworld.py" 即可进行打包。

Nuitka 打包参数较多，表 1-2 列出了一些主要的参数及说明。

表 1-2 Nuitka 的打包参数列表

参 数 符 号	参 数 说 明
mingw64	在 Windows 上强制使用 MinG-w64 进行编译，默认关闭使用 VS 编译器进行编译
standalone	指定打包出可独立运行的环境，否则复制给别人无法使用
output-dir	指定打包输出的文件目录
show-progress	直观显示编译的进度
show-memory	显示内存的占用
include-qt-plugins＝sensible，styles	打包后 PyQt 的样式就不会变了
plugin-enable	需要加载的插件 示例： － plugin-enable＝qt-plugins － plugin-enable＝tk-inter － plugin-enable＝tensorflow
windows-disable-console	指定没有 cmd 控制窗口
windows-icon-from-ico	指定打包 Windows 应用软件的图标
windows-company-name	指定打包 Windows 应用软件的公司名称

（续）

参 数 符 号	参 数 说 明
windows-product-name	指定打包 Windows 应用软件的软件名称
windows-uac-admin	指定是否可以让用户选择管理员权限进行安装
macos-onefile-icon	指定打包 macOS 应用软件的图标
macos-disable-concole	指定禁用控制台窗口
macos-create-app-bundle	指定创建一个包而不是一个二进制应用程序
macos-app-version	指定打包 macOS 应用软件的版本，默认 1.0
macos-app-name	指定打包 macOS 应用软件的名称
linux-onefile-icon	指定打包 Linux 应用软件的图标
onefile	打包成单个 exe 文件，默认关闭
include-package	复制 NumPy、PyQt5 等文件夹，也称为包
include-module	复制某些 Python 文件，也称模块
show-memory	显示内存
show-progress	显示编译过程
follow-imports	所有导入的模块全部编译为 C/C++ 文件
nofollow-imports	所有导入的模块都不编译，交给 python3.x.dll 执行

打包完成后在当前目录下会生成对应的可执行程序和一个用于启动可执行程序的批处理文件（见图 1-17），如果报错找不到一些暂时无法转成 C++ 的第三方包，则要考虑保留这部分仍然为 Python 文件，需要将这些包（一般在 Python 安装目录的 Lib \ site-packages 下）复制到生成的 dist 目录中，并设置不对其进行编译。

● 图 1-17　Nuitka 打包完成后生成的文件列表

1.2　Python 界面开发的方法

在应用软件开发时，界面往往是非常重要和庞大的部分，认识到界面的作用和意义，并学会设计界面，是应用软件开发工作中必要的技能。本节来学习一下常用的界面库和开发方法。

▶▶ 1.2.1　理解界面的意义

初学者学习 Python 编程语言时，往往都是基于控制台进行输出的，比如一个简单的 99 乘法表：

```
for row in range(1,10):
    for col in range(row,10):
        print("{0} * {1}={2:2d}".format(row,col,row * col),end=" ")
    print(" ")
```

运行结果见图 1-18。

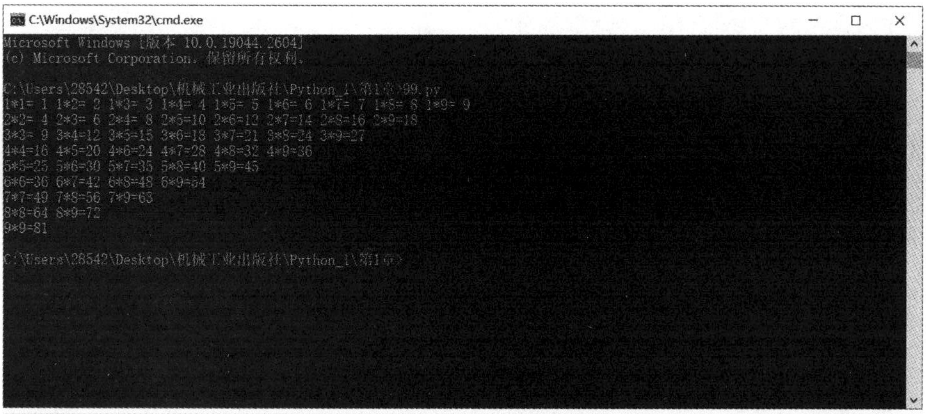

● 图 1-18　打印 99 乘法表

在学会了编程的语法后，到实际的应用软件开发时就需要考虑用户体验，进行界面设计，那么界面的作用是什么呢？

界面通过一系列常用窗体和控件，使用户可以对软件进行可视化操作，从而大大方便了开发者对软件的使用。这里以一个 PDF 文件处理工具软件为例，软件能够提供合并文件和拆分文件的功能，如果仍然使用之前的方式，那么可能会是以下这种形式（见图 1-19）。

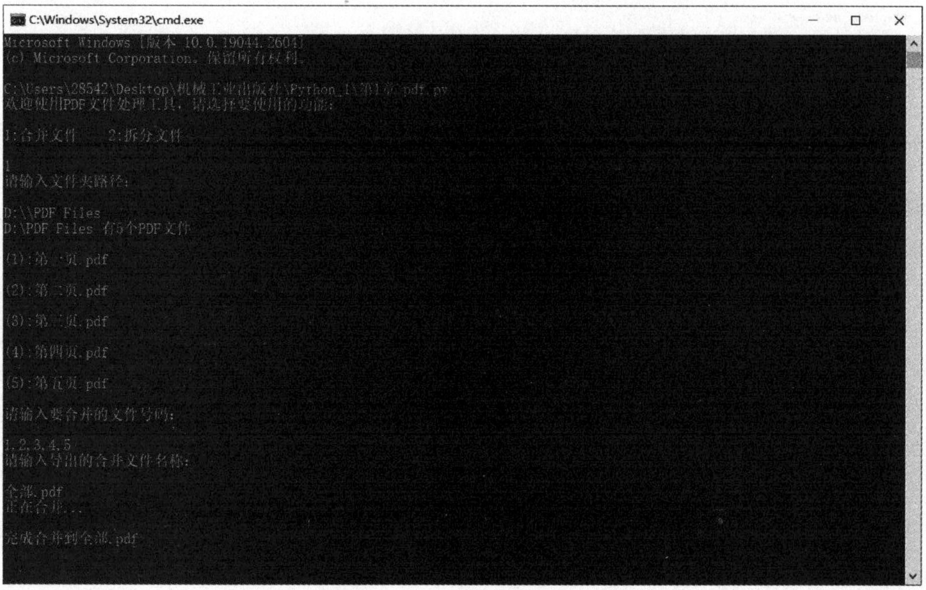

● 图 1-19　命令行模式下的问答式使用流程

而通过界面设计再展现给用户使用，就非常直观了（见图1-20）。

对于一些追求极致运行效率的服务来说，比如网络服务器程序，或者机器学习训练算法，一般是不需要界面的，命令行模式运行效率更高。但是对于大部分应用软件来说，一个美观可用的界面，是应用软件受欢迎的重要原因，本书的所有应用软件开发，也会重点讲解如何进行相应的界面开发。

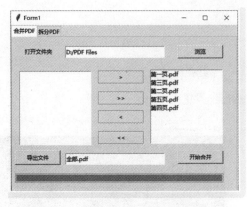

● 图 1-20　采用图形界面的 PDF 工具

▶▶ 1.2.2　常用的界面库介绍

想要使用界面开发，首先要了解在 Python 中有哪些界面库可供使用，一般来说，常用的 Python 界面库有以下几种。

1. tkinter

历史最悠久的 Python GUI 工具集，这是 Python 安装包内置的图形库，属于 Python 标准库的一部分，它是初学者进行 GUI 开发的首选，提供了基本完整的界面控件库，在代码层面调取方便，但官方未提供界面设计器。

2. PyQt

PyQt 是 Python 对专业的跨平台 GUI 工具集 Qt 的包装，作为一个插件来使用，不但提供了丰富的界面控件库，也提供了功能强大的界面设计器（见图1-21），可以开发美观的界面，跨平台的支持也很好。需要注意的是如果进行商业软件开发，需要付费取得授权。

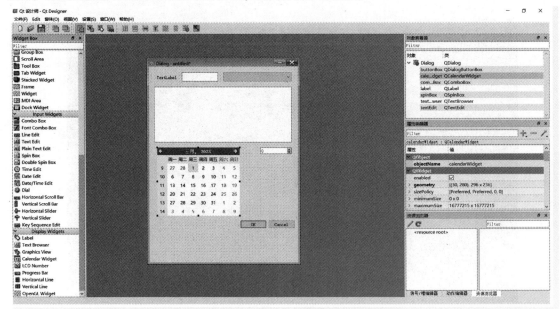

● 图 1-21　PyQt 的界面设计器

3. wxPython

wxPython 是 Python 对跨平台 GUI 工具集 wxWidgets 的包装，并提供一个可视化的设计器 wxForm-Builder。wxPython 作为一个插件具有一定的流行度，老版本的 wxPython 不支持 Python3.x，官方网站是 https：//wxPython.org/（见图 1-22）。

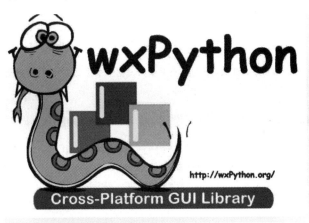

● 图 1-22　wxPython 的 logo

▶▶ 1. 2. 3　一个简单的 tkinter 界面程序

在进行应用软件开发之前，首先可以尝试手动编写一个 tkinter 界面程序来作为开始，下面用 VSCode 创建一个 Hello.py，在其中编写以下代码。

```python
import tkinter
import tkinter.messagebox
root = tkinter.Tk()
label = tkinter.Label(root,text="hello,world! ")
label.pack()
def btn1_cmd():
    tkinter.messagebox.showwarning('欢迎学习 tkinter! ','提示')
button1 = tkinter.Button(root,text="确定",command=btn1_cmd)
button1.pack(side=tkinter.LEFT)
def btn2_cmd():
    root.destroy()
button2 = tkinter.Button(root,text="取消",command=btn2_cmd)
button2.pack(side=tkinter.RIGHT)
root.mainloop()
```

运行效果见图 1-23，包括了一个文字标签和两个按钮。

● 图 1-23　使用 tkinter 开发的"hello，world！"程序

下面是代码注释。

```
#导入 tkinter 界面库,提供程序调用 tkinter 界面控件的能力
Import tkinter
#导入 tkinter 的 message 模块,提供程序调用 tkinter 通用对话框的能力
import tkinter.messagebox
#创建一个顶层界面,返回给变量 root
root = tkinter.Tk()
#创建一个文字标签控件,并设定文字内容为"hello,world!"
label = tkinter.Label(root,text="hello,world!")
#设置文字标签使用 pack 布局方式,默认为顶部对齐并横向占据整个界面空间,自动根据界面空白空间大小进行控
件大小的位置填充
labe.pack()
#定义一个函数作为按钮控件单击后响应的事件函数,在这个函数中调用通用对话框显示一个提示文字
def btn1_cmd():
    tkinter.messagebox.showwarning('欢迎学习 tkinter! ','提示')
#创建一个按钮控件,设置按钮文字为"确定",返回给变量 button1
button1 = tkinter.Button(root,text="确定",command=btn1_cmd)
#设置控件 button1 使用 pack 布局方式,使用左部对齐,自动根据当前界面空白空间大小进行换行后,靠左进行控
件大小的位置填充
button1.pack(side=tkinter.LEFT)
#定义一个函数作为按钮控件单击后响应的事件函数,在这个函数中调用 root 的销毁函数关闭窗口
def btn2_cmd():
    root.destroy()
#创建一个按钮控件,设置按钮文字为"取消",返回给变量 button2
button2 = tkinter.Button(root,text="取消",command=btn2_cmd)
#设置控件 button1 使用 pack 布局方式,使用右部对齐,自动根据当前界面空白空间大小进行换行后,靠右进行控
件大小的位置填充
button2.pack(side=tkinter.RIGHT)
#调用顶层窗口 root 的 mainloop 显示窗口并进入消息循环
root.mainloop()
```

以上代码展示了一个基本的 tkinter 界面对话框程序。在进行应用软件开发时,开发者可以选择完全基于代码来编写界面,但是面对较大的工程时,处理界面控件和事件逻辑相关的工作就会变得非常烦琐,这时就需要一个强大的可视化开发工具来辅助设计,才能更好地辅助开发者完成工作任务。表 1-3 展示了不同开发流程对任务的影响。

表 1-3　纯手写代码与工具化开发流程对比

开发流程	纯手写代码开发流程	工具化开发流程
项目规模	文件创建与管理依靠人脑, 很难实现文件量较大的项目	可视化管理项目文件,并为文件建立关联,可实现较大规模的项目文件管控
开发效率	手动编写界面布局和代码, 效率低下	借助可视化的界面设计功能,平均开发效率均能保持较高水平
代码简洁度	界面逻辑混在一起, 不利于阅读和二次开发与维护	从设计上实现界面布局与逻辑代码分离, 使界面代码更简洁
打包流程	每次打包需要命令行输入, 较为烦琐	傻瓜式操作,一键自动打包输出
可维护性	项目全部基于手写代码, 代码量大则难以维护	一般基于较固定的框架搭建,手写代码有限, 方便维护

通过对比可以看到工具化开发流程的明显优越性，本书也将基于 PyMe 开发工具来实现所有的应用案例工程，帮助开发者建立良好的工具化开发流程。

1.3 认识 PyMe

在上一节中，使用 tkinter 编写了一个界面程序，如果涉及更多更复杂的界面需求，手动编码就会非常耗费时间和精力，这不是一种高效的工作流程。这一节将介绍如何使用 PyMe 来进行 tkinter 界面应用软件的开发。

▶▶ 1.3.1 PyMe 简介

PyMe 是一款完全基于 Python 语言和 tkinter 开发的 Python 应用开发工具，用于进行基于界面的 Python 应用项目开发。其采用全程可视化的开发方式，使用过程比较类似 VisualBaisc，因而特别适合 Python 初学者。PyMe 致力于建立一套标准化的 Python 应用开发流程，并提供相应的工具支撑搭建跨平台应用软件的解决方案，使开发者可以方便地进行跨平台应用软件开发。

PyMe 的官方网址是 http://www.py-me.com，开发者通过首页的下载链接即可找到对应的版本。

PyMe 主要包括以下功能。

1）项目管理：根据不同的需求进行项目的创建，并对历史项目进行管理和调取。

2）文件管理：对于项目中的窗体、文件和资源进行创建、导入和管理。

3）界面设计：通过设计器进行界面设计，包括多种控件和菜单的创建与设置，以及变量绑定与事件函数映射。

4）逻辑编写：在代码编辑器中进行事件函数的逻辑编写。

5）调试运行：在内置的编辑器中进行工程的运行和断点调试。

6）打包发布：调用 Python 命令对工程进行打包，目前支持打包 EXE 和 APK。

PyMe 提供了一套比较完整的开发工作流程，涵盖从项目搭建到窗口设计再到事件响应的逻辑代码编写，以及最后的调试运行和打包发布，可以大大简化 Python 项目开发过程，使开发者能够把主要精力放在产品设计与逻辑实现上。图 1-24 是 PyMe 的开发流程说明。

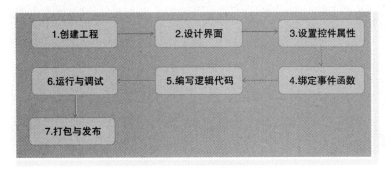

● 图 1-24　PyMe 开发流程说明

PyMe 除了具有上述基本功能外，还具备以下几个特点。

1）内置案例商店，包括多种应用案例，可以方便开发者下载学习。

2）移动平台的打包能力，只需要配置好安卓的打包环境，即可直接将项目一键打包为 APK，方便了 Python 开发者在不了解复杂移动开发知识的情况下进行移动应用开发。

3）内置一个小型的游戏引擎，提供了游戏开发的工具支撑，对游戏开发感兴趣的 Python 开发者可以使用这个游戏引擎进行休闲类型的游戏开发，下面是 PyMe 中的 2D 游戏引擎（见图 1-25）和 3D 游戏引擎（见图 1-26）展示。

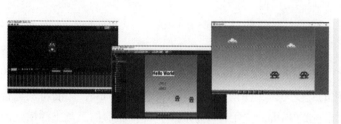

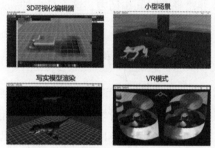

● 图 1-25　PyMe 中的 2D 游戏引擎　　　　● 图 1-26　PyMe 中的 3D 游戏引擎

本书将基于 PyMe 来进行所有项目的开发，相信通过这一系列不同类型项目的学习，开发者可以更好地掌握 PyMe，使其成为自己进行应用软件开发的利器。

▶▶ 1.3.2　PyMe 的登录

启动 PyMe.exe，首先进入的是综合管理界面（见图 1-27）。

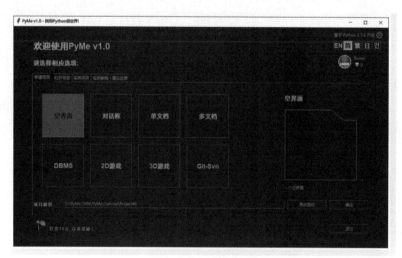

● 图 1-27　PyMe 中的综合管理界面

首先单击右上角"简"字样图标，将语言切换为简体中文。在这个综合管理界面中间位置是一个多页选项卡，包括了"新建项目""打开项目""实例项目""视频教程""建议反馈"等选项页。默认为"新建项目",提供了一些常见的项目模板。

1)空界面:就是一个带空白界面的项目,适合大多数情况下的自定义创建窗体项目。

2)对话框:提供了一个最简单的对话框模板项目,其中包括一个简单的账号和密码登录界面,适用于初学者进行扩展。

3)单文档:提供了一个 Python 单文档模板项目的完整案例,包括图标快捷按钮的创建、菜单的创建与 Python 文本编辑器的基本功能。适合在此基础上进行一些单文档应用的开发。

4)多文档:提供了基于窗体分割(PanedWindow)控件和树型(TreeView)控件的多文档编辑器项目,适合在此基础上进行多文档窗体应用程序的开发。

5)DBMS:提供了基于 PanedWindow 控件、级联菜单(ListMenu)控件和数据库组件搭建的小型数据库管理软件。

6)2D 游戏:提供了一个基于 Pygame 的游戏引擎,并配合有相对完整的工具支撑,帮助开发者进行小型的 2D 游戏开发。

7)3D 游戏:提供了一个基于 PyOpenGL 的游戏框架,帮助开发者进行小型的 3D 仿真和游戏开发。

8)Git-Svn:提供了一个可直接通过 Git 拉取的项目,通过内置的 Git 操作工具,可以直接拉取对应地址的项目,并将项目推送到对应的地址,适合多人开发类项目。

在没有正式账号登录前,在右上角会显示为 Guest 用户,使用 Guest 用户可以创建、编辑、调试、运行项目,但无法打包发布应用,也无法访问资源商店。如果想以正式账号身份登录,单击图标将看到软件的登录界面(见图 1-28)。

在登录界面提供了注册新账号、密码找回、微信登录、离线使用等功能,如果登录成功后不想每次都输入账号、密码进行登录,也可以勾选"启动时自动登录"复选框。单击"注册新账号"申请注册一个新的开发者账号,注册成功后,再次进入软件综合管理界面(见图 1-29)。

● 图 1-28　PyMe 的账号登录界面

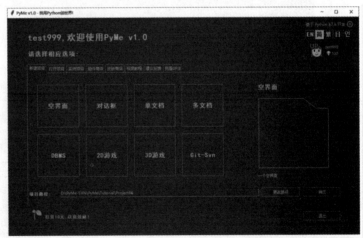

● 图 1-29　登录后的界面

这时可以看到右上角显示当前用户账号信息,同时在中间的选项卡部分会出现"组件商店""皮肤商店""我是 UP 主"等页面(见图 1-30),分别提供了组件和皮肤下载等使用功能。

"我是 UP 主"这一页提供了申请为 UP 主的功能。成为 UP 主后,可以把自己编写的项目、组件、皮肤上传到商店，有偿开源分享给广大的开发者用户使用。大家有兴趣的话，可以自己申请尝试。

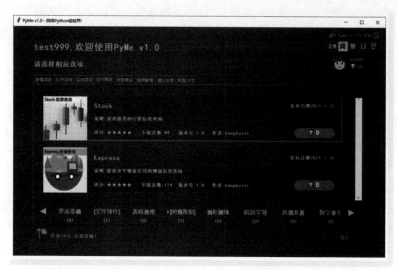

● 图 1-30　PyMe 组件商店界面

▶▶ 1.3.3　利用 PyMe 创建一个对话框工程

在软件综合管理界面的"新建项目"页，单击"对话框界面项目"图标，单击"确定"按钮，进入项目。图 1-31 展示了项目打开后的视图布局。

● 图 1-31　编辑区布局展示

在进入项目编辑界面后，可以看一下编辑区视图分为几个部分。

1）工具主菜单：工具的基本设置、编辑选项、视图选项和帮助相关。

2）快捷按钮工具条：对界面控件进行快速设置，以及运行和打包程序。

3）组件选择区：所有的控件组件列表，分为控件、图表、界面和其他四种。

4）主设计视图区：当前界面的可视化显示和编辑区。

5）界面控件层级树：当前界面上的所有控件树型关系结构展现。

6）属性列表框：对应子控件的基本属性、变量绑定、事件响应编辑面板。

7）画布工具条：在画布上进行绘图操作的工具条。

8）上下区域拖动条：对上下两部分区域进行拖动调整的拖动条。

9）文件资源显示区：对项目所有文件和文件夹进行显示的区域。

在界面视图中可以看到一个简单的对话框程序界面，根据右上角界面控件树的显示，它总共由 7 个结点组成。

1）Form_1：界面根结点，用于作为整个界面的容器。

2）Label_2：文字标签"账号"。

3）Entry_3：对应的账号编辑框。

4）Label_4：文字标签"密码"。

5）Entry_5：对应的密码编辑框，在设置上使用星号（＊）来显示输入文字。

6）Button_6："确定"按钮。

7）Button_7："退出"按钮。

▶▶ 1.3.4 程序运行与调试

单击右上角的快捷按钮栏中的"运行"按钮（见图 1-32），可以使当前应用程序以"平台"选择框对应的模式运行起来。

● 图 1-32　顶部栏右边的平台
选择与运行、发布按钮

运行效果：输入账号和密码后单击"确定"按钮，将会弹出对应的信息，单击"退出"按钮后则退出程序（见图 1-33）。

● 图 1-33　运行对话框

在界面视图中用鼠标双击"确定"按钮，这时可以进入当前界面对应的逻辑文件 Project_cmd.py 的对应控件响应函数位置（见图 1-34）。

● 图 1-34　界面的逻辑代码文件编辑器

Project_cmd.py 显示了 Project 界面的所有事件函数代码，如果需要在一个事件函数中加入断点调试，用鼠标在行号左边位置单击。这时将可以看到对应行号位置加入了一个红点断点。在下方有一个调试工具条（见图 1-35）。

● 图 1-35　调试工具条

调试工具条上对应的图标如下。

: 启动调试，快捷键为〈F5〉。

: 逐行执行，如果有函数，不进入函数，快捷键为〈F10〉。

: 逐行执行，如果有函数，进入函数，快捷键为〈F11〉。

: 跳出函数，转到下一行。

: 重启调试。

: 停止调试。

: 清除调试输出信息。

设置好断点后，单击"启动调试"按钮来启动应用程序进入调试模式。输入账号和密码信息后，单击"确定"按钮，这时程序将在断点位置中断（见图 1-36）。

如果读者具有 VC++或其他编程 IDE 的调试经验，相信很快就能上手，在这里也有一个小提示：

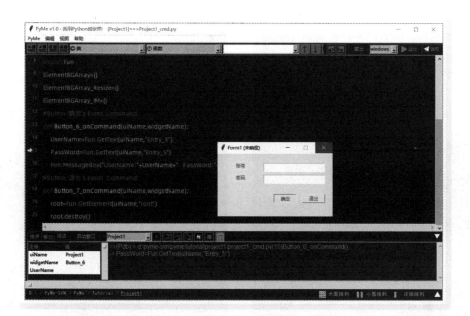

● 图 1-36　断点调试

在当前窗口使用快捷键来进行快速执行。

1）〈F5〉：继续执行，直至下一断点，在断点或逐行调试时直接单击蓝色箭头也是同样效果。

2）〈F9〉：为当前行增加一个断点。

3）〈F10〉：执行下一行，如果有函数，不进入函数。

4）〈F11〉：执行下一行，如果有函数，进入函数。

▶▶ 1.3.5　应用打包与发布

在完成自己的程序后，就可以通过 PyMe 的"打包"功能将程序打包为可执行程序。在 PyMe 中需要登录账号才可以进行程序打包。根据所选择的平台类型，直接在顶部栏右边选中"平台"对应项，单击"发布"按钮，即可弹出打包面板，用于为不同平台的应用程序进行打包。

1. 桌面应用的打包界面

输入打包相关信息后，单击"启动编译"按钮即可开始进行打包，目前 PyMe 支持 PyInstaller 和 Nuitka 两种方式进行操作。在打包过程中可以看到进度和输出信息，如果程序没有错误，很快可以完成打包并生成可执行程序，下面两幅图展示了打包过程（见图 1-37 和图 1-38）。

2. 移动平台的打包界面

移动平台的打包目前只支持安卓，开发者需要安装 JDK、Android SDK、NDK，并下载 Gradle，如果开发所用的计算机中尚未安装，可以通过对应编辑框右边的下载图标进行下载。在"Android 打包设置"面板下面的文本框里有对应的配置信息说明，大家可以仔细阅读，进行正确配置（见图 1-39）。

配置完成后，单击"重新编译"按钮即可开始编译工作，编译完成后，会在导出文件夹指定位置生成对应的 APK。

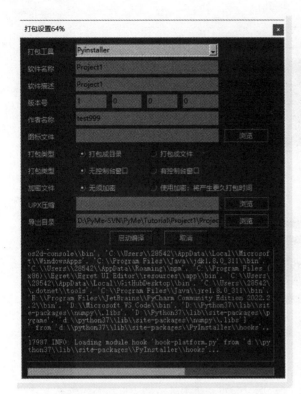

● 图 1-37　PyInstaller 打包方式

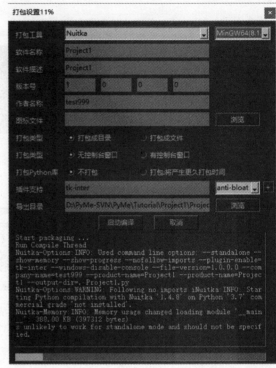

● 图 1-38　Nuitka 打包方式

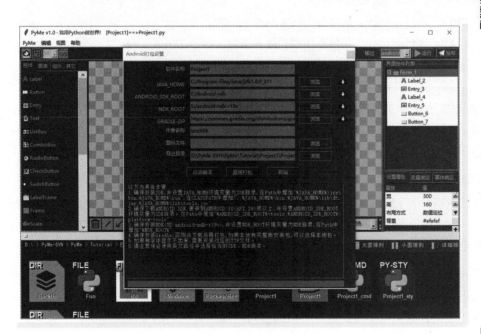

● 图 1-39　打包安卓应用

　　但是要注意的是，目前仍然有一些第三方库尚不支持打包为移动应用，包括流行的 NumPy，如果运行出现闪退，就暂时只能待 PyMe 提供支持。

使用 PyMe 的"打包"功能可以快速打包出可执行程序，节省了命令行输入的麻烦。

▶▶ 1.3.6　使用 Git 进行版本管理

在进行项目开发时经常会用到 Git 或 Svn 来进行项目多人协作管理，在 PyMe 中对 Git 和 Svn 也提供了相应的支持。下面介绍一下相应的方法。

在软件综合管理界面选择最后一项 Git-Svn，单击"确定"按钮后，将会弹出从 Git 或 Svn 地址拉取工程的对话框（见图 1-40），选择拉取方式并输入地址后，单击"确定"按钮即可开始进行工程下载。

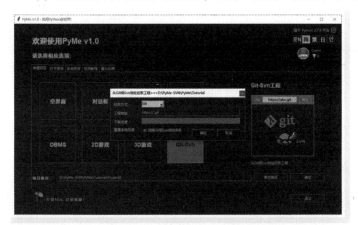

● 图 1-40　通过拉取 Git 地址创建工程

下载完成后，进入工程编辑界面，在左边项目资源树顶部可以看到"拉取" 和"提交" 的图标（见图 1-41），开发者可以根据需要进行处理。

● 图 1-41　底部文件区域的左上角出现"拉取"和"提交"图标

下面章节将通过具体案例的开发讲解，引领开发者进一步掌握如何基于 PyMe 进行项目开发。

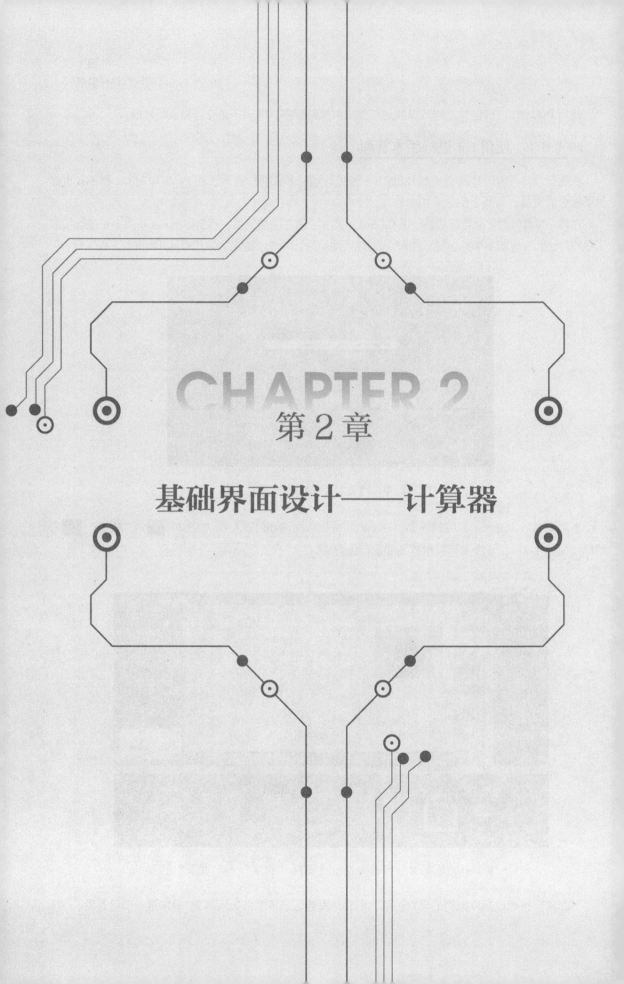

CHAPTER 2
第 2 章

基础界面设计——计算器

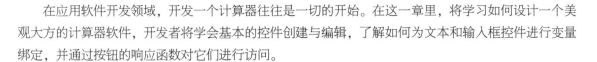

在应用软件开发领域，开发一个计算器往往是一切的开始。在这一章里，将学习如何设计一个美观大方的计算器软件，开发者将学会基本的控件创建与编辑，了解如何为文本和输入框控件进行变量绑定，并通过按钮的响应函数对它们进行访问。

2.1 计算器的界面设计

计算器作为一个初学者案例，功能需求比较简单，假设拿到的需求文档只有一句话："能够提供一个良好的界面让用户进行基本的数字加减乘除四则运算。"这时该怎么做呢？在进行项目开发前，开发者首先要进行一下基本的功能分析和软件方案设计，这样可以对一个项目有更好的理解和流程拆解，树立合理的工程开发思想。本节将重点讲解这个过程。

▶▶ 2.1.1 计算器的设计方案

在进行带界面的应用软件方案设计时，一般的流程如下。

1）根据功能说明进行界面设计，在界面设计的过程中，对功能点进行梳理归纳，使其能够在相应界面上有功能分配合理性和美观度。

2）推敲运行流程，确认使用合理性和体验感。

3）对界面上的变量和事件进行梳理，明确逻辑方案。

通过这三点，开发者对软件的设计与开发会有更加清晰的认识。我们对界面设计、运行流程、逻辑方案一步步进行说明。

1. 计算器界面设计

功能需求强调有良好的界面进行基本的数字四则运算，所以界面部分采用以下控件。

1）提供一个文字标签控件，用于显示输入数值和结果。

2）提供从 0~9 的 10 个数字按键，用于输入被运算数和运算数。

3）提供加、减、乘、除 4 个按键，用于输入运算类型。

4）提供一个等号按键，用于进行计算，将结果显示到文本控件。

5）提供一个清屏按键，用于置零文本标签按件。

以上共包括一个文字标签控件和 16 个按钮，设计草图见图 2-1。

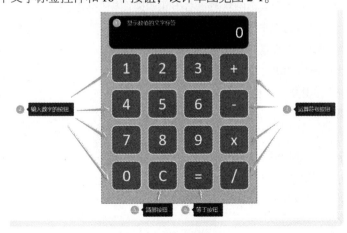

● 图 2-1　计算器界面草图

2. 计算器运行流程

基于界面草图，将运行流程归纳为图 2-2 中的 4 步。

3. 计算器逻辑方案

根据运行流程，对各流程点逻辑实现梳理出如下方案。

1）输入数字时，将输入的被运算数存储到文本控件"文字"变量 CurrValue 中。

2）输入运算类型符号时，将运算符号存储到文本控件变量 OpType 中，并将存有被运算数的变量 CurrValue 数值赋值给文本控件变量 RecordValue，然后将 CurrValue 置零实现清屏。

3）输入数字时，将输入的运算数存储到 CurrValue 中。

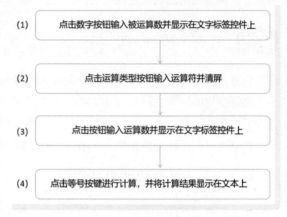

● 图 2-2　计算器运行流程示意图

4）单击等号时，根据运算符号 OpType 对被运算数 RecordValue 和运算数 CurrValue 进行四则运算并保存到 CurrValue 中。

在这个过程中，用户如果输错了，也可以随时单击清屏按钮，对 CurrValue 置零，同时也将 OpType 和 RecordValue 重置。

▶▶ 2.1.2　制作计算器的界面

在方案设计阶段进行了界面草图设计和逻辑变量设计，在制作界面的阶段，开发者将在 PyMe 中对项目进行创建，并按照草图来进行界面的创建和编辑。通过可视化编辑器的操作，本节读者将学会如何对界面布局进行设置，掌握如何为控件进行用户变量绑定和事件响应函数的创建。

1. 创建计算器的窗体

启动 PyMe，在综合管理界面选择"空界面"，以 JSQ 为路径名，在项目路径里输入保存的项目路径，单击"确定"按钮，进入编辑界面（见图 2-3）。

在视图中央，有一个空白的面板 Form_1，它是进行界面设计的顶层窗口，单击 Form1，可以看到右上角的控件树项中 Form_1 处于被选中状态，右下角的控件相关属性栏里，有以下 3 个选项页。

1）设置属性：当前窗体的基本属性设置。

2）变量绑定：当前窗体的变量绑定设置。

3）事件响应：当前窗体的事件响应函数设置。

在"设置属性"一栏里罗列了当前窗体的基本属性设置。

- 宽：窗体宽度。
- 高：窗体高度。
- 布局方式：界面的三种布局方式选择。
- 背景：当前窗体背景色。
- 图片：当前窗体的背景图片。
- 标题：当前窗体的标题栏文字。

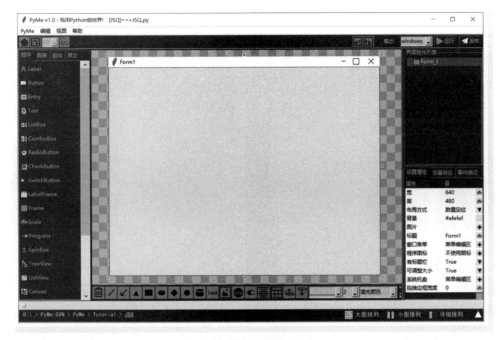

● 图 2-3 空白界面编辑窗口

- 窗口菜单：当前窗体菜单管理器，用于编辑菜单。
- 程序图标：当前项目的程序图标。
- 有标题栏：设置是否使用标题栏。
- 可调整大小：设置窗体是否可以通过边缘拖动进行大小调整。
- 系统托盘：当前项目的托盘管理器，用于编辑运行项目时显示在 Windows 系统任务栏的托盘菜单，比如图 2-4 的一些图标就属于系统托盘。

● 图 2-4 Windows 系统托盘图标

- 拖动窗口移动：是否能通过鼠标左键点中 Form_1 拖拽直接移动窗口位置。
- 拖拽边框宽度：拖拽窗口边缘时的区域宽度。
- 拖拽边缘颜色：拖拽窗口边缘时的区域显示颜色。
- 主题样式：当前窗体使用的皮肤样式。
- 始终居前：设置当前窗体是否始终运行在当前桌面的最前面。
- 透明色值：设置是否对窗体进行关键色镂空。
- 圆角半径：设置窗体是否进行圆角设置。
- 透明度：设置窗体是否使用透明效果，用于制作半透明窗体。

根据设计草图，在编辑界面通过窗体四角和边缘中点位置的滑块拖动窗口的大小，调整到合适大小（见图 2-5）。

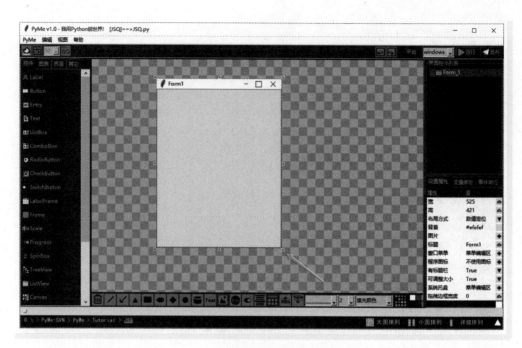

● 图 2-5　拖动调整计算器的界面大小

这样计算器的窗体就准备好了，下面来继续创建所需要的控件。

2. 创建计算器的控件

在本实例中，主要用到以下两种控件。

（1）文字标签（Label）

文字标签控件是一种最基本的控件，它主要用于显示文本或图片，一般情况下不进行任何输入响应，除非手动为它进行事件扩展。在本例中将使用文字标签来显示计算结果。

（2）按钮（Button）

按钮控件是一种专门响应用户单击事件的控件，它也可以显示文字和图片，在本例中用于用户输入数值与运算符。

PyMe 采用可视化的拖拽方式来进行控件创建，开发者只需要将相应的控件组件从工具条中拖拽到窗体 Form1 上即可完成控件的创建。比如用鼠标在工具条上选中 Label 控件，拖动到窗体 Form1 上松开，这时就可以看到在相应的窗体位置区域创建出了一个 Label（见图 2-6）。

按照调整窗体大小的方式调整大小，然后再通过顶部工具条中的 ![icon]设定背景色，并通过 ![A Microsoft YaHei UI 14]选择合适的文字颜色、字体名称和字体大小，作为计算器的显示屏（见图 2-7）。

下面为窗体拖拽创建出键盘按钮控件。把第一个按钮控件从左边工具条拖放到结果显示标签左下方位置后松开，这时将看到一个按钮控件被创建出来（见图 2-8）。

拖动边框修改好位置和大小后，可以通过顶部工具条对键盘按钮的文字、背景色进行修改，通过 ![边框凹陷 GO]还可以让按钮的边框样式有所变化。除了通过顶部工具条进行设置也可以通过右下角的属性栏对相关属性进行设置，比如在属性栏找到圆角半径，设置为 20，使它看起来有圆角属性，要注意的是，这个功能目前只能在 Windows 系统上使用（见图 2-9）。

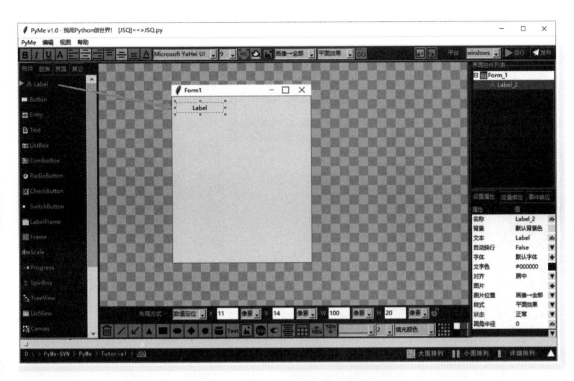

● 图 2-6　从组件工具条拖动创建 Label

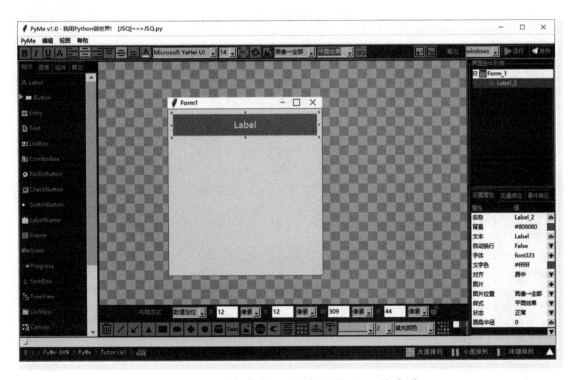

● 图 2-7　通过顶部工具条设置 Label 的外形

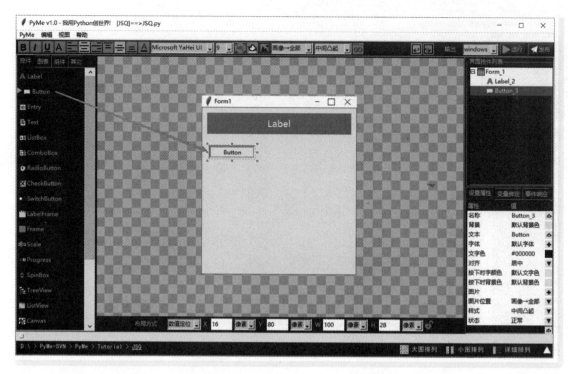

● 图 2-8　从组件工具条拖动创建按钮

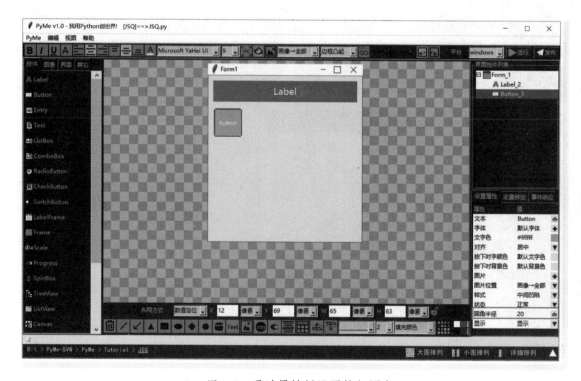

● 图 2-9　通过属性栏设置按钮圆角

3. 控件的对齐、锁定与复制

在通过拖拽来创建控件时，PyMe 会自动显示当前控件与周围控件间的对齐线，包括与周围控件的左、右、上、下、中间线的对齐临界线。如果想更精确地以绝对像素尺寸对齐，也可以单击 Form1 面板，然后在顶部的快捷按钮区中找到"网格吸附"按钮 ，单击后会打开网格显示和吸附对齐（见图 2-10），并在网格大小下拉框里选择网格的大小。设置好网格大小后，再次拖拽控件时就可以非常方便地进行对齐了。

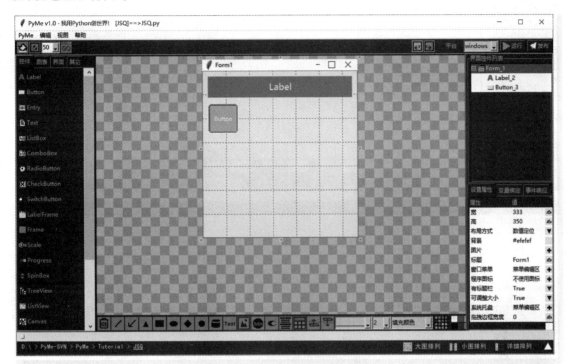

● 图 2-10　通过网格进行对齐

如果已经设置好了控件的位置，但不小心鼠标点中控件后移动了控件，可以通过快捷键〈Ctrl+Z〉来回退复原，但更好的方式是直接对控件位置进行锁定。在通过鼠标右键单击对应的控件后，可以在弹出菜单里选择"锁定"命令来锁定控件位置（见图 2-11），这时候，鼠标拖动控件的方式就不会影响对应控件了。如果想移动控件位置或修改其大小，只能通过在属性栏或者下方的布局编辑工具条设定数值。

锁定后，也可以再次通过鼠标右键单击控件，在弹出菜单里进行解锁，或者直接单击下面布局编辑工具条最后的红色小锁按钮（见图 2-12）也可以解锁。

可以继续通过从控件工具条中拖拽的方式创建控件，也可以通过从现有控件中复制的方式创建控件，按下〈Alt〉键，拖动第一个控件向右拉动，就可以看到和第一个按钮一样的新按钮被创建出来（见图 2-13）。

使用 Alt 键来拖拽复制，可以大大加快创建同类型样式控件的速度，大家可以在使用 PyMe 的过程中经常使用这种方式。

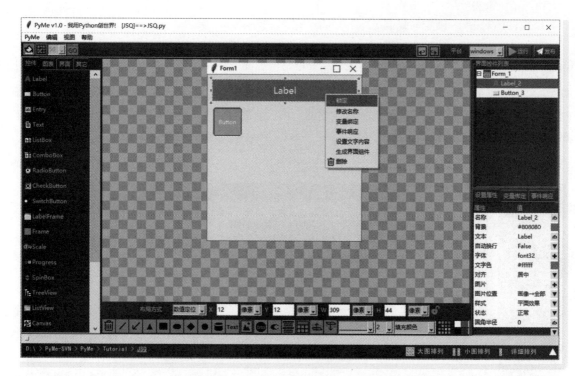

● 图 2-11　在控件上通过菜单项进行锁定和解锁

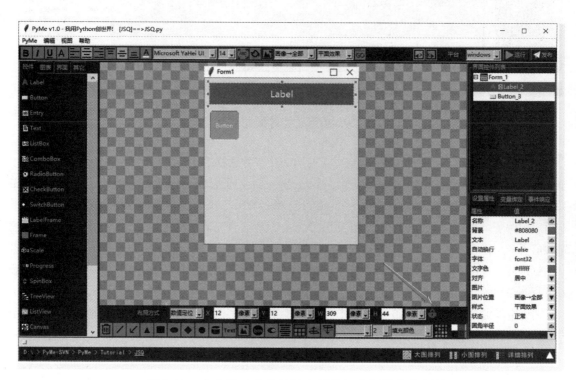

● 图 2-12　在布局工具条通过小锁按钮进行锁定和解锁

● 图 2-13　通过 Alt+鼠标拖动进行控件复制

经过多次的重复操作后，就可以制作出图 2-14 所示的界面了。

● 图 2-14　通过拖动复制出 16 个按钮

最后再通过属性栏对面板的样式和各控件文件进行修改，将面板背景色设为黑色，显示屏的文字居右显示，并设为默认值 0，使其变成一个计算器的样式（见图 2-15）。

● 图 2-15　设置控件背景与文字项

单击顶部的"运行"按钮，就可以看到图 2-16 的结果。

这样计算器就创建完成了。

4. 控件的属性设置

控件作为一个具有界面显示效果的逻辑组件，是界面的重要组成部分，具有大量的属性和方法，在 PyMe 中将这些属性分为 3 个方面。

（1）控件布局定位相关属性

所有的控件要想显示在窗体上，都需要设定其布局信息，在 Python 的 tkinter 界面库中有 3 种布局方式可供使用。

● 图 2-16　计算器运行效果

1）Place 方式：数值定位方式布局，这种布局将根据当前控件像素位置或占父窗体中比例进行位置和大小的排布，也是 PyMe 的默认布局方式。它理解起来最直观，对应 Place 布局，需要指定 X、Y、W、H。

X：控件在窗体或父控件中的绝对横向坐标或相对横向百分比。

Y：控件在窗体或父控件中的绝对纵向坐标或相对纵向百分比。

W：控件在窗体或父控件中的绝对宽度或宽度在横向占的百分比。

H：控件在窗体或父控件中的绝对高度或高度在纵向占的百分比。

2）Pack 方式：填充打包方式布局，这种布局会自动根据布局方式进行位置和大小的排布。当选中布局方式为 Pack 后，可以看到 Label 自动贴合到窗体的顶部，属性栏中的 X，Y，W，H 也变为了"填充""对齐""外间隔 X""外间隔 Y"。

填充：填充方式，包括 X，Y，BOTH，NONE。

对齐：对齐方式，包括 LEFT，TOP、RIGHT、BOTTOM。

外间隔 X：在横向对齐时控件与左、右两边空出来的间隔。

外间隔 Y：在纵向对齐时控件与上、下两边空出来的间隔。

3）Grid 方式：表格打包方式布局，这种布局将根据当前控件设置的表格行列位置进行位置和大小的排布。

选中 Grid 后，可以看到 Label 自动贴合到窗体的左上角，属性栏中的 X，Y，W，H 也变为了"行""列""跨行数""跨列数"。

行：当前控件处于表格中的第几行。

列：当前控件处于表格中的第几列。

跨行数：一些较大的控件，需要占据多行的窗口空间，这里可以指定控件高度额外占据的行数。

跨列数：一些较大的控件，需要占据多列的窗口空间，这里可以指定控件宽度额外占据的列数。

在本例的计算器界面设计器中可以看到，选择控件时，在主窗口下方会有一个布局方式的工具条，显示当前控件的布局方式（见图 2-17）。

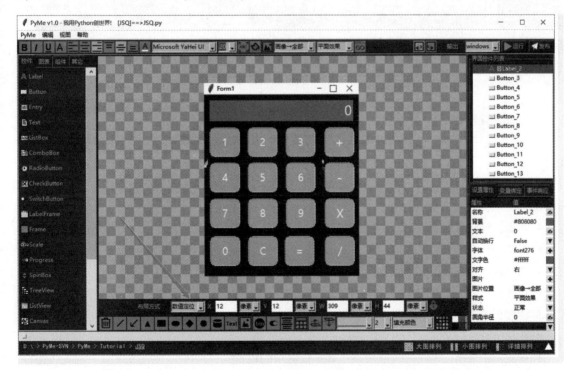

● 图 2-17　用于设置控件布局的工具条

当前控件布局信息的编辑都是在这个布局方式工具条里进行的，根据所选择的布局方式，在编辑框中会显示出相应的编辑项。控件的布局方式可以有两种选择，一种是顶层面板 Form1 设定的布局方式，另一种是数值定位方式。如果想使用非数据定位方式的布局方式，需要先在属性栏中找到布局方式属性（见图 2-18），单击设定当前 Form1 的布局方式，然后所有放置在此界面中的控件也可以使用同样的布局方式。

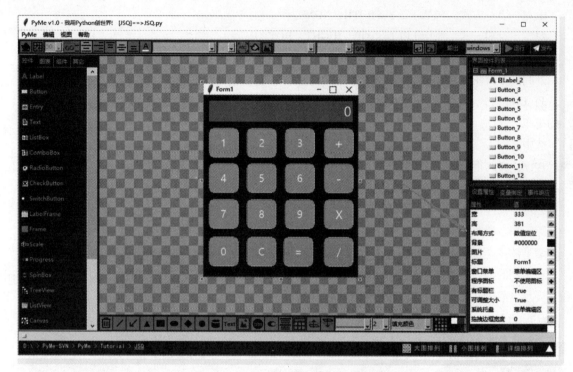

● 图 2-18　为 Form1 设置布局方式

（2）控件基本样式相关属性

界面上的控件，都有一些基本的样式供开发者设置，一般包括背景色、文字颜色、边框样式、字体大小与对齐、图片等。为了方便使用，**PyMe** 将这些常用的样式放置到顶层快捷按钮工具栏中进行设置，根据每种控件的不同，会显示出可以设置的样式。以文字标签控件为例，介绍一下它的样式相关属性：

- 背景：控件背景颜色。
- 文本：当前标签文字内容。
- 文字色：当前标签文字的颜色。
- 对齐：文字在标签控件中的对齐规则。
- 图片：需要加载显示的图片。
- 图片位置：与文字进行图文混排时的位置对齐规则。
- 样式：用来描述控件的边框效果，有 6 种常用的设置，分别为"平面效果""沟实线边框""中间凸起""中间凹陷""边框凸起""边框凹陷"。
- 状态：正常与失效。
- 显示：显示与隐藏。

以上的基本样式可以通过顶部的快捷按钮工具条来进行设置（见图 2-19），根据控件的不同，工具条上的设置也有所不同，当鼠标悬浮在图标上时，会有相应的说明，在编辑时可以大大加快进行控件外观效果设置的效率。

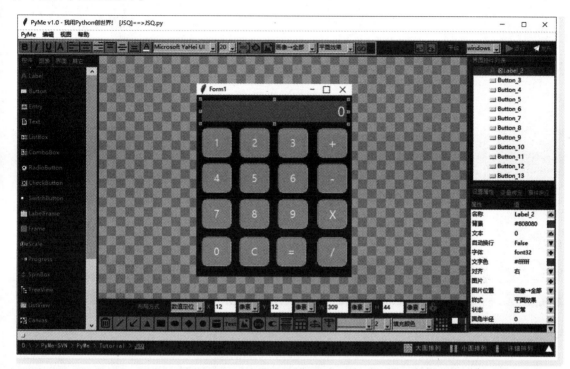

● 图 2-19　顶部工具条显示了当前 Label 的可设置属性

（3）控件独有属性

除了基本的样式外，每个控件也拥有自己独有的属性，比如本节用到两种控件 Label 和 Button。Label 控件的独有属性如下。

● 自动换行：是否根据控件大小自动对文字内容进行换行，用于显示多行文本。

Button 控件的独有属性如下。

● 按下时文字颜色：按下时，可以在这里修改文字颜色。

● 按下时背景色：按下时，可以在这里修改背景颜色。

控件的独有属性可以在视图的右下角"设置属性"页中对应控件的常用属性列表里进行查找，这些属性根据字面意思比较容易理解，直接编辑即可。

1）对于数值类的属性，双击对应属性项，或者单击属性栏的 小图标，即可在弹出的数值或文本的修改对话框中直接修改即可。

2）对于选项类的属性，双击对应属性项，或者单击属性栏的 小图标，即可在弹出的对应选项下拉列表中选择需要的属性值即可。

3）对于需要弹出对话框进行设置的属性，如字体需要弹出字体对话框，背景图片需要弹出选图片对话框等，双击对应属性项，或者单击属性栏的 小图标，即可在弹出的对应对话框（见图 2-20）中进行编辑或选择目标文件即可。

● 图 2-20　字体选择对话框

4）对于颜色类属性设置，双击对应属性项，或者单击属性栏的■小图标，即可在弹出的对应颜色选择对话框（见图 2-21）中选择需要的颜色值即可。

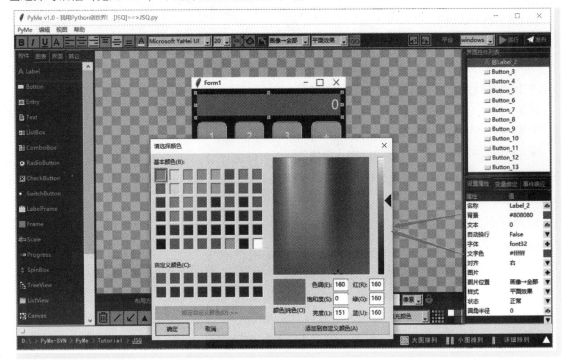

● 图 2-21　颜色选择对话框

5. 控件的变量创建

在上一小节中完成了界面的制作，但仅有界面的显示，是没有办法实现相应的界面功能的，需要通过控件变量创建来将界面的输入数值存储到变量中，本小节将重点讲解如何为界面控件进行变量的创建。文字标签控件需要以下 3 个用户变量。

1）运算前值：进行四则运算前的数值。

2）运算符号：进行四则运算的类型。

3）运算结果：最终的运算结果。

以 50 + 49 = 99 这个运算为例，50 是运算前值，+是运算符号，99 是运算结果。

在 PyMe 中，有两种方式来帮助我们为控件创建用户变量。

1）在右下区域的"变量绑定"页进行设置，单击"增加变量"按钮（见图 2-22）。

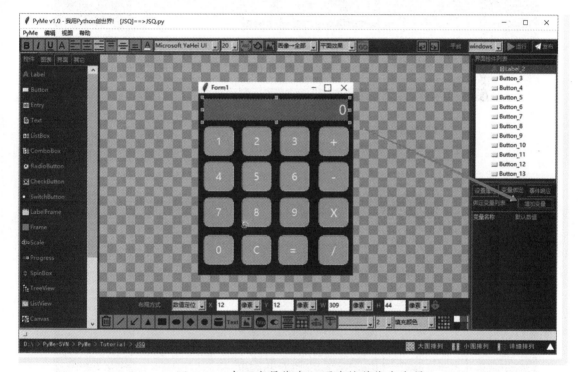

• 图 2-22 在"变量绑定"页为控件绑定变量

2）通过鼠标右键单击控件，在弹出菜单里选择"变量绑定"命令，来进行用户变量的创建（见图 2-23）。

使用这两种方式创建的变量都会弹出相应的对话框（见图 2-24）。

在这个对话框里可以进行变量的创建，按照表 2-1 设定来创建相应的变量。

表 2-1 Label_2 绑定的变量

变 量 意 义	变 量 名	变量类型	默 认 数 值	映射到显示文字
运算前值，记录被运算数值	RecordValue	浮点型	0.0	否
运算符号，记录做什么运算	OpType	整型	0	否
当前数值，记录当前运算数	CurrValue	浮点型	0.0	是

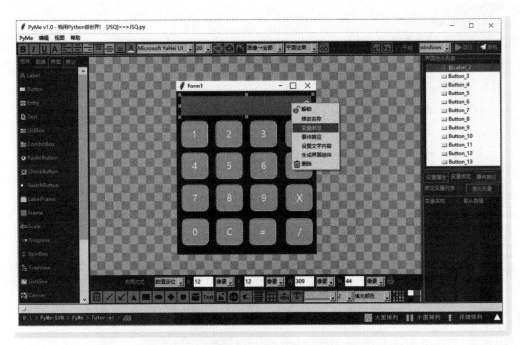

• 图 2-23　通过右键菜单进行变量绑定

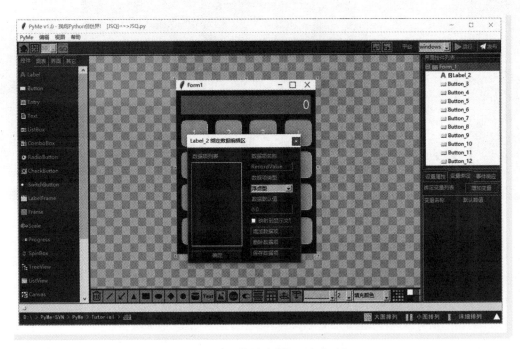

• 图 2-24　控件变量设置对话框

　　这里使用 1~4 来对应加、减、乘、除四则运算符号，要注意的是，把一个变量设置为"映射到显示文字"，这个变量变动时，变动结果也会一并显示到文字上。用户创建结果如图 2-25 所示。

　　创建完成后，单击"确定"按钮关闭对话框即可。可以看到 Label_2 的文本变成了 0.0，说明

CurrValue变量的值映射为 Label_2 的文字。

6. 控件事件与函数映射

当为控件绑定了变量之后，接下来就是如何让用户在进行输入时触发响应函数对变量进行操作了，可是怎么让 Python 知道通过哪个函数对控件事件进行响应呢？在本小节中，将首先确定界面用到了什么事件，做什么事情，然后通过为控件事件绑定相应函数在事件和函数之间建立一座桥梁，这样就可以让用户在进行控件输入时触发设定的响应函数了。

在计算器的使用过程中，主要依靠对按钮的单击响应来完成运算，所以每一个按钮都应该有一个"单击"事件的逻辑，表 2-2 列出了相应的按钮操作。

● 图 2-25　绑定数据对话框的设置结果

表 2-2　所有的按钮操作

按 钮 类 型	按　　钮	涉 及 操 作
清屏重置	清屏键	将所有变量值都重置为 0
数值输入	0~9 数字键	将数值存入 CurrValue
运算处理	加减乘除运算键	将 CurrValue 存入 RecordValue，并将操作记录到 OpType
计算结果	等号键	根据 OpType，对 RecordValue 和 CurrValue 进行计算

与创建用户变量类似，在 PyMe 中同样提供两种方式来帮助我们进行控件事件函数的创建。

1）选择切换到右下区域的"事件响应"页，可以看到当前控件的所有事件（见图 2-26），通过双击对应的事件函数名称来进入事件函数。

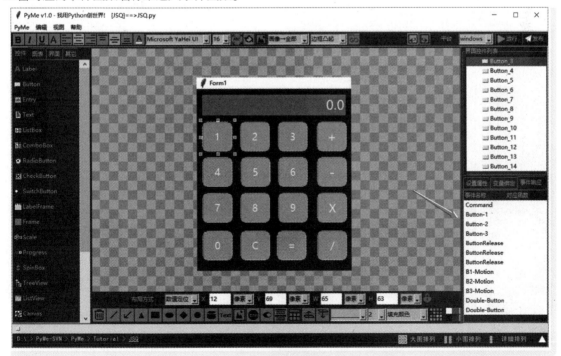

● 图 2-26　罗列的事件列表

2）通过鼠标右键单击控件，在弹出菜单里选择"事件响应"命令（见图 2-27），会进入事件响应的对话框（见图 2-28），可以在对话框中为事件进行映射函数的创建。

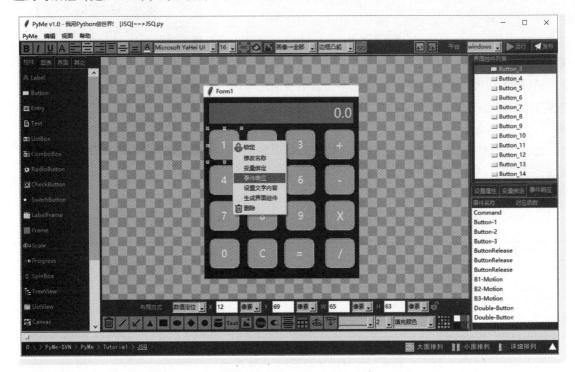

● 图 2-27　通过右键菜单项为控件设置事件响应

● 图 2-28　当前控件的事件响应处理编辑区

在图 2-28 对话框里罗列了当前控件类型的常用事件列表和操作类型，可以自定义事件映射函数的
名称，并选择要进行操作的类型来创建函数功能，表 2-3 列出了这些按钮对应的操作。

表 2-3　设置事件响应的动作

操 作 类 型	功 能 说 明
编辑函数代码	直接进入函数代码编辑区，手动进行函数的代码编写
删除事件函数	删除当前事件已经创建的函数
设置弹出菜单	设置事件触发后鼠标的光标弹出的菜单
设置光标	设置事件触发后鼠标的光标
调用其他界面	调用其他界面，在这里选择一个界面文件，事件触发后弹出
跳转到其他界面	设置事件触发后从当前界面跳转到的界面文件
调用数据库操作	设置事件触发后调用的数据库组件操作

在本节中要单击按钮后进入函数代码编辑区编写代码，所
以选择按钮控件的 Command 事件（见图 2-29），然后单击"编
辑函数代码"按钮即可。

这样就进入了对应事件的映射函数代码（见图 2-30），所
有的逻辑实现是在以界面文件加扩展名_cmd 命名的文件中，这
个文件也就是每个界面布局 PY 文件（以下简称 ui 文件）对应
的事件逻辑代码文件（以下简称 cmd 文件），通过这种方式，
前端表现与后端逻辑实现了形式上的分离。在 PyMe 项目中，
并不推荐在 ui 文件中进行逻辑代码的编辑，所有的逻辑代码都
要在 cmd 文件中进行编码。

● 图 2-29　为按钮选中 Command 事件

● 图 2-30　代码编辑区中的对应函数

小窍门：如果只是控件的单击事件，在这里也可以直接双击按钮来快速进行事件映射函数的创建，这种方式适用于控件快速编辑第一个事件的映射函数代码。

注意：所有的窗体和控件都可以设置用户变量，也都可以在事件响应处理对话框中选择所需要的事件进行对应的函数编辑和功能调用。事件列表中对常用的控件事件进行了罗列，同时也增加了一些更利于开发者进行逻辑处理的事件，比如为 Form1 设立了一个加载（Load）事件，这个事件主要用来帮助开发者在界面控件创建完成后进行初始化处理。通过对控件的"用户变量"和"事件响应"进行编辑，可以很方便地在界面与逻辑之间建立"控件-数据-事件"之间的关系，理解好这个关系，对于进行软件的界面设计与实现至关重要。

2.2 计算器的逻辑处理

在完成了界面的制作之后，开发者已经基本准备好了界面上的所有功能数据和函数，本节将完成各部分功能的实现，学会如何通过 PyMe 的 Fun 函数库中的函数来获取用户变量，以及如何通过具体代码实现来完成运算逻辑功能。

▶▶ 2.2.1 通过 Fun 函数库获取用户变量

在进行编码之前，首先要学习一下 PyMe 的 Fun 函数库，它提供了一些常用的控制设置函数，方便我们快速访问界面控件及其变量，这些函数都被放在项目目录的 Fun.py 文件中，Fun 文件可以直接双击图标打开（见图 2-31）。

● 图 2-31　Fun 文件

Fun 中具体的函数列表很多，会根据项目中的控件使用进行动态生成，需要注意的是 Fun 文件默认不允许修改，可以在当前编辑窗口左上角看到一个红色的小锁图标，代表文件被锁定，如果因为一些原因必须修改 Fun，也可以用鼠标右键单击小锁，在弹出菜单中选中解锁文件菜单项，就可以进行修改，但解锁后 PyMe 将不会再根据控件生成 Fun 函数，所以建议在完成所有的界面制作及组件摆放后再解锁。

我们将在后面的章节中不断接触到所需要的函数，届时会进行详细的讲解。表 2-4 罗列了用到的两个函数。

表 2-4　取得和设置用户变量函数

函 数 名 称	功 能 说 明	参 数 说 明
GetUserData	取得用户变量	uiName：界面类名 elementName：控件名称 dataName：变量名称
SetUserData	设置用户变量	uiName：界面类名 elementName：控件名称 dataName：变量名称 dataValue：变量数值

界面的 cmd 文件会自动导入 Fun 模块，下面来学习如何通过 Fun 模块中的这两个函数完成相应的运算逻辑代码。

▶▶ 2.2.2　运算逻辑的编码实现

学习了所要用到的 Fun 函数后，在这一节中将对清屏、数值输入、运算符输入、计算结果等功能进行编码实现。下面一一进行讲解。

1. 清屏事件函数处理

在进行计算之前，往往要先按下按钮 C 对 Label_2 显示的文本置零。可以在设计界面双击按钮 C，直接进入单击事件函数，在其中编写以下代码（见图 2-32）。

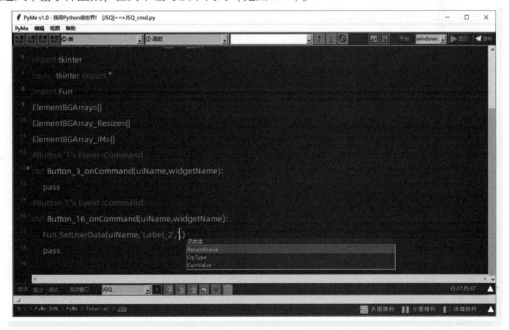

● 图 2-32　在清屏函数中编写代码

```
def Button_13_onCommand(uiName,widgetName):
    Fun.SetUserData(uiName,'Label_2','RecordValue',0.0)
    Fun.SetUserData(uiName,'Label_2','OpType',0.0)
    Fun.SetUserData(uiName,'Label_2','CurrValue',0)
```

这样就完成了对所有文本标签控件绑定的用户变量的清零设置。

2. 数值输入事件函数处理

所有的数值输入，都是对文本标签控件绑定的当前数值 CurrValue 进行操作，以单击按钮 1 为例：

```
def Button_3_onCommand(uiName,widgetName):
    CurrValue = Fun.GetUserData(uiName,'Label_2','CurrValue')
    CurrValue = CurrValue * 10.0 + 1
    Fun.SetUserData(uiName,'Label_2','CurrValue',CurrValue)
```

通过先取得 CurrValue，再进行乘 10 加 1 的操作得出新的数值，最后通过 SetUserData 赋值给控件。如果是单击其他数字，只是把 1 变成对应数值就可以了，之后继续为每个数字按钮做相应的处理。

3. 运算处理事件函数处理

所有的运算处理，都是对文本标签控件绑定的运算符号 OpType 进行操作，以单击按钮+为例：

```
def Button_15_onCommand(uiName,widgetName):
    CurrValue = Fun.GetUserData(uiName,'Label_2','CurrValue')
#这里对 OpType 设置为 1,代表加法
    Fun.SetUserData(uiName,'Label_2','OpType',1)
    #将当前值保存到 RecordValue 变量
    Fun.SetUserData(uiName,'Label_2','RecordValue',CurrValue)
    #单击完操作后,Label 值置 0
    Fun.SetUserData(uiName,'Label_2','Count',0.0)
```

如果是其他运算，将 OpType 数值改为相应运算类型对应数值即可。

4. 计算结果事件函数处理

单击等号时，将对整个计算进行处理：

```
def Button_14_onCommand(uiName,widgetName):
    OpType = Fun.GetUserData(uiName,'Label_2','OpType')
    CurrValue = Fun.GetUserData(uiName,'Label_2','CurrValue')
    RecordValue = Fun.GetUserData(uiName,'Label_2','RecordValue')
    #根据运算符进行相应操作
    if  OpType == 1:
        CurrValue = RecordValue + CurrValue
    elif OpType == 2:
        CurrValue = RecordValue  - CurrValue
    elif OpType == 3:
        CurrValue = RecordValue  * CurrValue
    elif OpType == 4:
        CurrValue = RecordValue / CurrValue
    Fun.SetUserData(uiName,'Label_2','CurrValue',CurrValue)
```

这里通过运算符号的不同，对被运算数和运算数进行计算，得出结果并存入 CurrValue 中。

5. 运行结果

完成了所有的逻辑代码实现后，在顶点工具栏最右边单击"运行"按钮，就可以看到计算器的运

行结果（见图 2-33）。

● 图 2-33　计算器运行结果

运行起来以后，开发者可以单击相应按钮进行一些运算操作进行测试，显示无误的话，本例的开发就基本完成了。

2.3　实战练习：开发一个软键盘输入界面

下面可以尝试开发一个软键盘输入界面，这样一个项目具有以下界面（见图 2-34），能够通过单击按键输入文字。

● 图 2-34　软键盘界面

这个界面也同样只使用文字标签和按钮两种控件，通过单击按钮将输入的文本显示在文字标签上。

这里主要提供一个与本章案例相仿的工程题目，不再详细说明具体过程，需要读者通过本章的学习独立完成实战。但会将源码随书附赠，读者如果遇到什么困难，可以随时查阅源码。

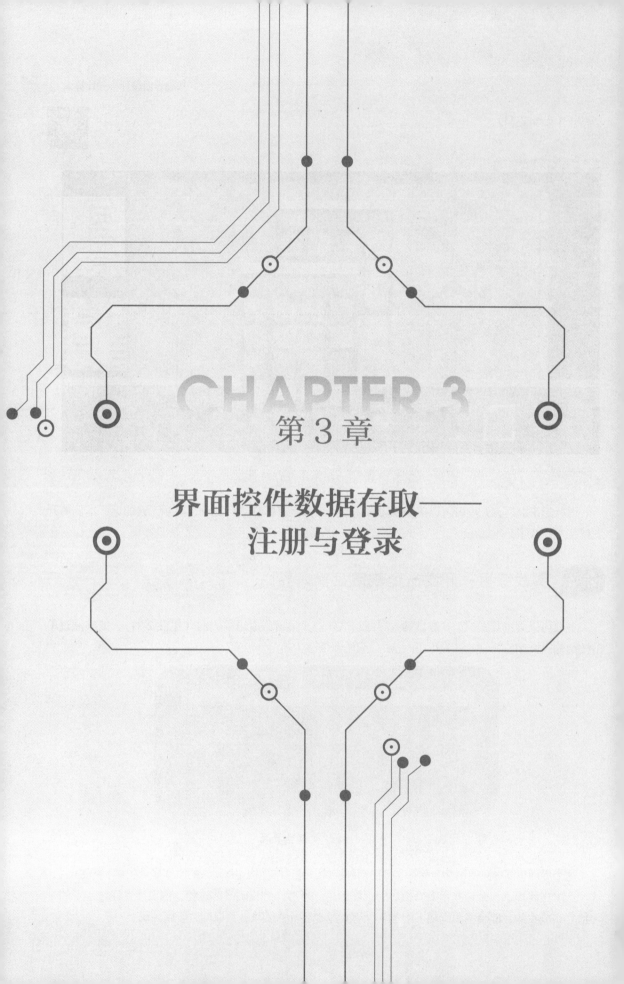

CHAPTER 3

第 3 章

界面控件数据存取——
注册与登录

在学会了基本的控件变量绑定与访问之后，本章将尝试制作一个用户注册与登录界面程序。在这个项目中将加入更多的输入控件，并借助 **SQLite** 来进行数据的存取。实战练习为一个复杂一点的数据库录入系统。通过本章的学习，开发者将能实现一些简单的数据录入和存取功能开发。

3.1 登录注册程序的界面设计

在进行本章的应用开发前，也同样要先进行软件方案设计。只有清楚目标是什么，才能更好地实现结果。首先，要明确案例的开发目标：提供一个登录界面，让用户通过输入账号和密码进行登录验证，如果用户未注册，可以进入注册界面来提交基本信息进行注册后再登录。

▶▶ 3.1.1 登录注册程序的方案设计

继续按照上一章讲的设计步骤来进行，所不同的是，本章会涉及两个界面，我们需要理清楚两个界面的关系。

1. 登录验证界面草图

在软件启动时，首先弹出的是一个登录界面，在这个界面上实现以下几点功能。

1）提供两个输入框，用于输入账号和密码。

2）提供"登录"和"注册"两个按钮，"登录"按钮用于提交登录验证，"注册"按钮用于弹出注册对话框。

需求还是比较简单的，根据界面功能说明可设计出界面草图（见图 3-1）。

在单击"注册"按钮后，会弹出注册信息对话框的界面，所以还需要另一个界面，包括以下功能。

1）提供账号、密码、电子邮箱输入框，输入文本信息。

2）提供性别选项输入，这里使用两个单选按钮分别对应男和女。

3）提供一个职业类型输入，包括几种类型选项，这里使用下拉列表框。

4）提供一个"注册"按钮，单击后提交注册信息。

注册界面草图如图 3-2 所示。

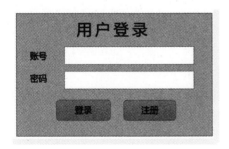

● 图 3-1　登录界面设计草图　　　　　● 图 3-2　注册界面设计草图

2. 登录验证运行流程

用户登录的运行流程如图 3-3 所示。

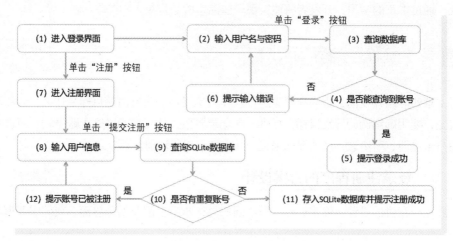

● 图 3-3　用户登录流程说明图示

在这个流程说明图中可以比较清楚地看出两个界面的关系和各自的运行逻辑。在登录流程中，按照（1）（2）（3）（4）（5）进行，如果在（4）查不到对应的账号密码，转到（6）。在注册流程中，按照（1）（7）（8）（9）（10）（11）进行，如果在（10）发现有重复账号，转到（12）。

3. 登录验证逻辑方案

登录流程的逻辑功能涉及的流程节点逻辑处理如下。

（3）：单击"登录"按钮时，取得输入的账号和密码变量值，调用 SQL 语句的查询语句从 SQLite 数据库用户表 Members 中进行查询。

（4）：如果查询记录集不为空，转向（5）调用 Fun 库中的弹出对话框函数提示"登录成功"；如果记录集为空，转向（6）调用 Fun 库中的弹出对话框函数提示"输入错误"。

注册流程的逻辑功能涉及的流程节点逻辑处理如下。

（9）：单击"提交注册"按钮时，取得输入的账号调用 SQL 语句的查询语句，从 SQLite 数据库用户表 Members 中进行查询。

（10）：如果查询记录集不为空，转向（12）进行处理；如果记录集为空，转向（11）调用 Fun 库中的弹出对话框函数提示"账号已被注册"。

（11）：取得用户输入的所有信息，调用 SQL 语句的插入语句，向 SQLite 数据库用户表 Members 中插入用户信息记录，完成后调用 Fun 库中的弹出对话框函数提示"注册成功"。

▶▶ 3.1.2　制作登录界面

梳理清楚了整个案例的流程和界面草图，在制作界面的阶段，按照草图进行两个界面的设计即可。在这一节中，重点是了解输入框、单选按钮和下拉列表框 3 种控件的使用方法。

1. 项目创建与主窗体设置

启动 PyMe，在综合管理界面选择"对话框"项目模板，输入 Login 作为项目名称，设定好项目路径后（见图 3-4），单击"确定"按钮创建项目。

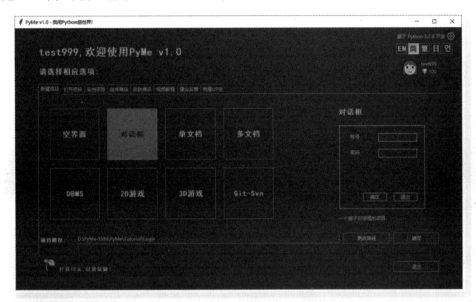

● 图 3-4　创建对话框项目

进入项目的主界面设计视图中，可以看到有一个简单的登录界面（见图 3-5），与我们的登录界面草图设计差不多，稍做修改就可以了。

● 图 3-5　对话框项目的初始界面

将"确定"按钮文字改为"登录"，将"退出"按钮文字改为"注册"，并将当前 Form1 的标题文本改为"登录界面"（见图 3-6）。

现在这个界面就制作完成了，下面再继续创建注册界面，并在注册界面中讲解输入框（Entry）控件的使用。

● 图 3-6　修改按钮文字

2. 注册界面的创建与制作

在当前视图的下部文件资源列表区域空白处右键单击，在弹出菜单里选择"新建窗体"命令（见图 3-7）。

● 图 3-7　在资源视图新建窗体

在弹出的窗口名称输入对话框里输入 Register，单击"确定"按钮后创建一个空白的界面用于设计注册界面（见图 3-8）。

● 图 3-8　输入新窗口名称

按照前面的设计草图，在这个设计视图中从左边的工具条中拖动相应控件到界中创建出相应控件，在这里使用输入框控件来输入姓名、密码和邮箱，用单选按钮（RadioButton）控件来选取性别，用下拉列表框（ComboBox）控件来选择职业，最终界面如图 3-9 所示。

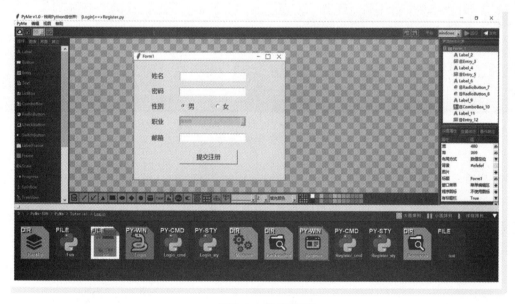

● 图 3-9　注册界面

创建好后，简单调整一下公有属性中的文字大小，使界面看起来美观一点。

3. 控件的属性与方法介绍

在本例中使用了三种输入控件，分别是用于文本输入的输入框、用于多选一的单选按钮和下拉列表控件，下面分别介绍它们的属性与使用方法。

（1）文本输入：输入框控件

输入框控件是一种最基本的输入控件，它主要用于接收键盘输入的文字和符号，在输入类似姓名、密码、标题等简短文字时经常出现（见图 3-10），主要用于输入单行文本。

● 图 3-10　登录界面中的"姓名"和"密码"输入框

输入框控件中的属性大部分在文本标签属性中都有，需要注意的一个属性为替代符。

● 替代符：键盘输入字符时，输入框显示的替代符号，主要用于密码输入框，比如在这里选择一个 * 符号（图 3-11），那么输入框所有的字符将显示为 * 。

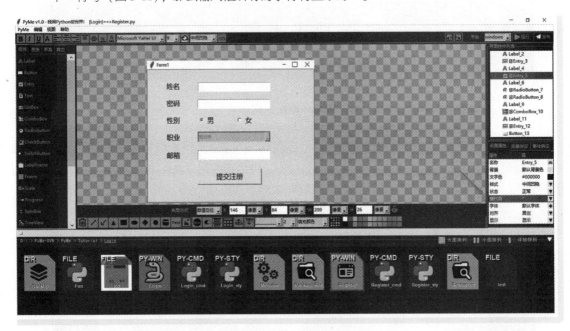

● 图 3-11　属性栏里设置替代符号为 *

在使用输入框控件存取输入的文本时，主要通过 Fun 函数库中的两个函数（见表 3-1）。

表 3-1　取得和设置控件文本值

函 数 名 称	功 能 说 明	参 数 说 明
GetText	取得控件文本值	uiName：界面类名 elementName：控件名称
SetText	设置控件文本值	uiName：界面类名 elementName：控件名称 textValue：文本值

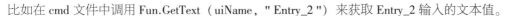

比如在 cmd 文件中调用 Fun.GetText（uiName，"Entry_2"）来获取 Entry_2 输入的文本值。

（2）性别输入：单选按钮（RadioButton）控件

单选按钮控件是一种用于多选一的按钮控件，因为它需要为每个选项创建一个单选按钮控件，会占用一定的界面空间，所以一般用于较少选项值的选项集，比如性别、家庭成员身份等。

单选按钮控件的主要属性包括以下几种。

- 分组：同属于一个选项集中的单选按钮，需要设定一个所属选项集分组 ID，这样才能将对应单选按钮归于同一个多选一选项集逻辑。

- 值：同属于一个选项集中的单选按钮，需要设定每一个单选按钮的选中设定值，这样才能区分选中了哪一个单选按钮。

在本例中创建出"男"和"女"两个单选按钮。此时两个单选按钮的分组值为默认值 1，值也同为 1，所以初始状态下，两个单选按钮都处于被选中状态（见图 3-12）。

在控件属性栏中设置"男"的分组为 1、值为 1，设置"女"的分组为 1、值为 2。设定完之后，两个单选按钮被归到分组 1 中，默认就只有"男"被选中（见图 3-13）。

- 图 3-12　默认情况设置性别的两个单选按钮都被选中

- 图 3-13　分组后设置性别的两个单选按钮只有一个能被选中

需要通过代码对单选按钮的当前结果值进行存取时，主要通过 Fun 函数库中的两个函数（见表 3-2）。

表 3-2　取得和设置控件结果

函数名称	功能说明	参数说明
GetCurrentValue	取得控件结果值	uiName：界面类名 elementName：控件名称
SetCurrentValue	设置控件结果值	uiName：界面类名 elementName：控件名称 value：结果值

比如在 cmd 文件中调用 Fun.GetCurrentValue（uiName，"RadioButton_7"）来获取 RadioButton_7 所在按钮组的选择值。

（3）职业输入：下拉列表框（ComboBox）控件

下拉列表框控件是另一种选项类型的输入控件，也用于多选一的情况，因为它通过下拉列表的方式展现选项，选中时只占据一个编辑框的界面空间，既节省空间，又突出选项，所以一般用于多选项或不确定数量的选项集，比如职业、部门、分类名称等。

列表框（ComboBox）控件的属性主要包括以下几种。

- 数据项：主要用于编辑下拉列表框中的各选项数据项。

在单击"数据项"一栏后可以看到弹出了一个对话框（见图 3-14），用于管理各选项数据项。

在"数据项名称"的输入框中输入职业名称，如"策划师""工程师""设计师"等，单击"增加数据项"按钮，就可以为当前的下拉列表框创建出对应的选项数据集（见图 3-15）。

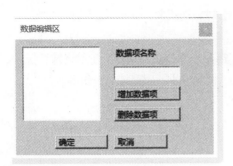

● 图 3-14　下拉列表框的"数据编辑区"对话框　● 图 3-15　为职业下拉列表框填入 3 个数据项

注意：在这里选中其中的一个选项，即可设定为下拉列表框默认选中项。单击"确定"按钮后，可以看到界面上下拉列表框已经被填充了相应的数据集（见图 3-16）。

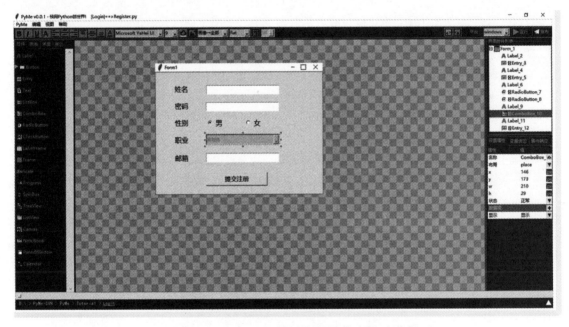

● 图 3-16　"职业"下拉列表框被填充默认数据项

在通过代码对列表框选中的文本或索引值进行存取时，也同样使用前面两个控件中介绍的函数，使用 Fun.SetText 和 Fun.GetText 来存取列表框选中的文本，而使用 Fun.SetCurrentValue 和 Fun.GetCurrentValue 来设置和取得列表框选中项的索引。

3.2　登录验证的逻辑实现

在完成界面设计后，就可以按照逻辑方案中对流程节点的梳理来进行具体的编码实现了，这里重点是数据的处理与数据库的编程方法。

▶▶ 3.2.1 数据库的使用方法

在实际的项目功能应用中，注册信息一般都会直接提交到服务器，由服务器存入数据库中，在本例中使用 Python 标题库的 sqlite3 包操作 SQLite3 数据库来模拟这个过程，让大家体会一下数据库基本操作的方法。

使用数据库的一般方法如下。

1）导入数据库模块。

2）连接数据库并获取连接对象。

3）获取连接对象的游标。

4）使用游标对象调用方法来操作数据库，进行数据库的增、删、查、改。

5）关闭游标对象和连接对象。

在一般的应用软件开发中主要会用到 3 种数据库：SQLite3，MySQL 和 SQLServer，它们的特点和异同见表 3-3。

表 3-3 3 种常用的数据库介绍

数据库名称	数据库特点	主 要 用 途
SQLite3	小巧轻便，占用资源非常低	嵌入式系统
MySQL	免费，功能强大，跨平台	各种类型的网站和应用
SQLServer	只适用于 Windows 系统，简单且界面友好	企业级的数据应用

Python 语言为关系型数据库制定了一个标准访问接口流程，叫作 Python Database API Specification v2.0，简称 PEP 249，这样就大大方便了我们开发数据库的应用。

在这些数据库的使用上都可以参考 PEP 249 的流程，在这里把 3 种数据库具体代码的一般用法和差异列在表 3-4 中。

表 3-4 3 种数据表的使用方法

具 体 功 能	SQLite3	MySQL	SQLServer
导入数据库模块	import sqlite3	import pymysql	import pymssql
连接数据库	conn = sqlite3.connect（）	conn = pymysql.connect（）	conn = pymssql.connect（）
获取数据库游标	cursor = conn.cursor（）		
执行 SQL 语句	#执行一条 SQL 语句 cursor.execute（SQLString） #批量执行多条 SQL 语句 cursor.executemany（SQLString，DataList）		
关闭游标对象	cursor.close（）		
关闭连接对象	conn.close（）		

可以看到，在这些数据库的使用中，主要差别在导入数据库模块和连接数据库两步，连接数据库的具体参数如表 3-5 所示。

表 3-5 3 种数据库的访问函数

数　据　库	连接数据库

SQLite3	#从内存中访问数据库
	conn = sqlite3.connect（'：memory：'）
	#从文件访问数据库文件
	conn = sqlite3.connect（'test.db'）

MySQL	conn = pymysql.connect（host='localhost'，port=3306， user='root'，password='123456'，databse='dbname'）
SQLServer	conn = pymssql.connect（server='localhost'，port=3306， user='root'，password='123456'，databse='dbname'）

在熟悉了基本的数据库操作方法后，就要完成注册逻辑的实现。

▶▶ 3.2.2　注册逻辑代码的编写

注册逻辑实现的部分，分为获取控件数据和数据处理两个部分，下面分别进行讲解。

1. 获取控件数据

进入注册界面，双击"提交注册"按钮，进入注册界面的逻辑文件 Register_cmd.py 的 Button 响应函数中（见图 3-17）。

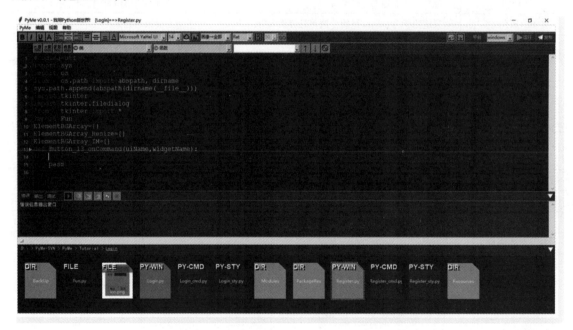

● 图 3-17　"提交注册"按钮的事件响应代码

在函数中输入以下代码，如图 3-18 所示。

```python
def Button_13_onCommand(uiName,widgetName):
    strUserName = Fun.GetText(uiName,'Entry_3')
    strPassWord = Fun.GetText(uiName,'Entry_5')
```

```
nSex = Fun.GetCurrentValue(uiName,'RadioButton_7')
nProfession = Fun.GetCurrentValue(uiName,'ComboBox_10')
strEmail = Fun.GetText(uiName,'Entry_12')
```

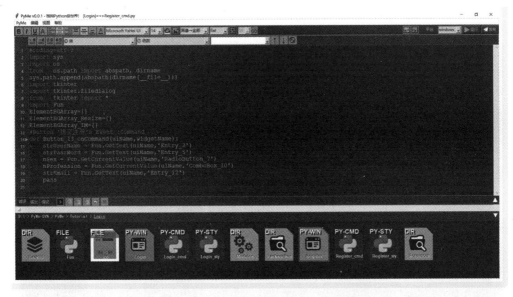

● 图 3-18　为函数填写获取输入信息的代码

这样就可以通过代码取得对应控件的文字或数值，PyMe 提供基本的代码智能提示，这个过程并不算烦琐，但也可以通过弹出菜单来选择相应控件使用的函数，会更加直观方便。只需要在合适的代码输入位置用鼠标右键单击，在弹出菜单中选择"界面函数"下相应控件的对应函数，即可快速加入相应的函数调用代码（见图 3-19）。

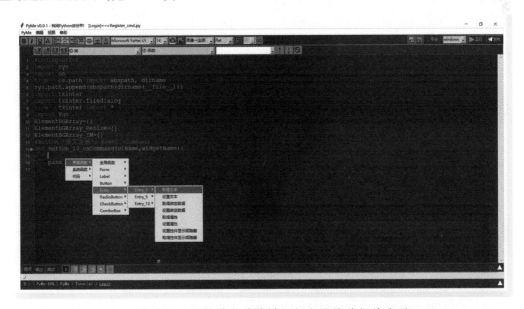

● 图 3-19　通过弹出菜单增加相应的控件相关代码

在输入数据较多时，如果不想单独取得每一个控件的数据并命名，也可以直接使用 Fun.GetUIDat-aDictionary 函数来获取当前界面的控件数据字典，之后通过名称获取数值。在"提交注册"按钮的响应函数中使用鼠标右键单击，在弹出菜单里选择"界面函数"下"全局函数"中的"获取界面的输入数据字典"命令（见图 3-20）。

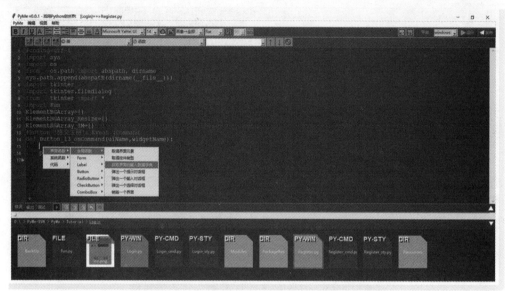

● 图 3-20　通过弹出菜单取得输入数据字典

选择菜单项后，可以看到函数中增加了一行代码：

```
uiDataDict = Fun.GetUIDataDictionary(uiName)
```

在下一行利用 print 函数对控件数据打印显示：

```
print(uiDataDict)
```

单击顶部快捷按钮运行当前对话框并测试，可看到如图 3-21 所示的结果。

● 图 3-21　注册界面运行结果

可以看到，在单击"提交注册"按钮时，输出页的信息打印窗口中输出了当前界面上所有控件的输入数据，只需要通过控件名直接访问数据字典即可。

2. 进行数据处理

在完成了基本的输入信息获取后，按照上节所讲的数据库编程方法来完成注册逻辑部分，在这里使用 SQLite 内存数据库进行讲解说明。

```python
#Button '提交注册' s Event:Command
def Button_13_onCommand(uiName,widgetName):
    uiDataDict = Fun.GetUIDataDictionary(uiName)
    print(uiDataDict)
    strUserName = Fun.GetText(uiName,'Entry_3')
    strPassWord = Fun.GetText(uiName,'Entry_5')
    nSex = Fun.GetCurrentValue(uiName,'RadioButton_7')
    nProfession = Fun.GetCurrentValue(uiName,'ComboBox_10')
    strEmail = Fun.GetText(uiName,'Entry_12')
    print("导入 sqlite3 模块")
    import sqlite3
    print("连接内存中的 sqlite3 数据库")
    conn = sqlite3.connect(':memory:')
    print("取得游标")
    cur = conn.cursor()
    print("如果当前不存在表则创建表 member")
    try:
        cur.execute('create table if not exists member(id integer primary key autoincrement not null,username text,password text,sex integer,profession text,email text)')
        conn.commit()
    except:
        pass
    print("查询 member 表中是否有相同用户名的数据")
    cur.execute('select *  from member where username="'+strUserName+'"')
    if len(cur.fetchall()) == 0:
        try:
            print("将数据插入到当前数据表 member 中")
            cur.execute('insert into member(username,password,sex,profession,email) values("'+strUserName+'","'+strPassWord+'",'+str(nSex)+',"'+nProfession+'","'+strEmail+'")')
            conn.commit()
            Fun.MessageBox('注册成功！')
        except:
            Fun.MessageBox('注册失败！')
    else:
        Fun.MessageBox('存在同名账号,请重新注册！')
```

▶▶ 3.2.3 登录逻辑代码的编写

登录逻辑的实现也同样分为两部分：登录数据处理和注册按钮处理。

1. 登录数据处理

返回到登录界面，双击"确定"按钮进入相应的事件函数（见图 3-22）。

在这个函数中要实现访问数据库并通过 UserName 和 PassWord 来查询表中是否有相应注册信息。

● 图 3-22　进入"确定"按钮的响应事件函数

```
#Button '确定' s Event:Command
def Button_6_onCommand(uiName,widgetName):
    UserName=Fun.GetText(uiName,"Entry_3")
    PassWord=Fun.GetText(uiName,"Entry_5")
    #Fun.MessageBox("UserName:"+UserName+"  PassWord:"+PassWord)
    import sqlite3
    print("连接内存中的 sqlite3 数据库")
    conn = sqlite3.connect(':memory:')
    print("取得游标")
    cur = conn.cursor()
    print("查询 member 表中是否有相同用户名的数据")
    try:
        cur.execute('select *  from member where username="'+UserName+'"')
        if len(cur.fetchall()) > 0:
            cur.execute('select *  from member where username="'+UserName+'" and password="'
+PassWord+'"')
            if len(cur.fetchall()) > 0:
                Fun.MessageBox('登录成功！')
            else:
                Fun.MessageBox('密码输入错误,请重新输入！')
        else:
            Fun.MessageBox('账号未注册,请进行注册！')
    except:
        Fun.MessageBox('账号未注册,请进行注册！')
```

　　完成这部分代码后，我们运行一下，可以看到当前对话框不管输入什么，都会弹出对话框显示"账号未注册，请进行注册!"（见图 3-23），这是因为当前数据库中还没有账号信息。

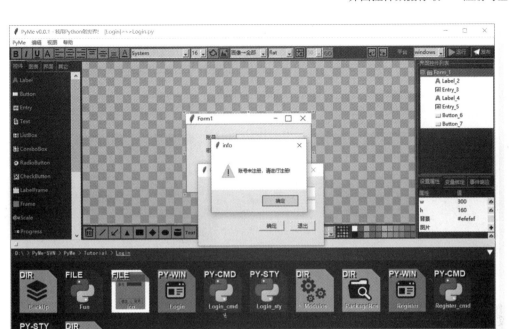

● 图 3-23　弹出提示未注册

2. 注册按钮处理

在登录界面上如果想要调用注册界面，就需要有一个按钮来供用户单击，但在这个界面上，已经有"确定"和"取消"两个按钮，再多一个按钮不美观，所以在当前对话框中增加一个"注册账号"的文字链接，用于打开 Register 对话框进行注册。

从左边的工具条中，拖动一个 Label 到对话框中，修改文字为"注册账号"，并在顶部快捷按钮栏上单击 **U** 图标使 Label 变成一个链接文字样式（见图 3-24）。

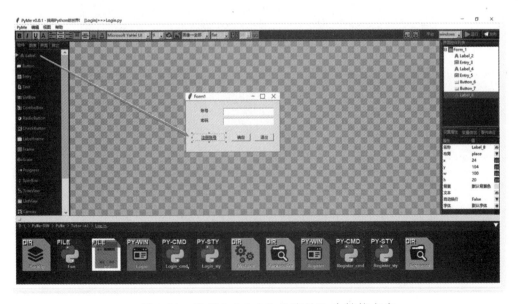

● 图 3-24　设置 Label "注册账号" 为链接文字

　　然后在 Label 上用鼠标右键单击，在弹出菜单里选择"事件响应"命令，之后可以看到弹出 Label_9 的事件响应处理编辑对话框。在这里，如果做文字链接，需要鼠标移到文字上时光标变为小手，所以在左边的控件事件类型列表框中选择 Enter 选项，并在右边的按钮列表中单击"设置光标"按钮（见图 3-25）。

● 图 3-25　为 Enter 事件设置光标

　　在弹出的"设置光标"对话框中（见图 3-26）单击手型光标，即可完成在 Label_9 的 Enter 被触发时，光标设置为小手，这样，一个文字链接效果就做好了。

● 图 3-26　所有的可设置光标类型

然后为文字链接增加一个单击事件来实现界面的跳转功能,按照之前的方式通过鼠标右键进入 Label_9 的事件响应处理编辑区对话框。若希望单击文字时打开 Register 界面对话框,可以在这里单击"调用其他界面"按钮,这时可以看到 PyMe 再次弹出一个选择对话框,提供一些常用的通用对话框选择项,如表 3-6 所示。

表 3-6　通用对话框说明

选 项 名 称	选 项 说 明
调用打开文件框	用于打开文件框选择一个或多个文件
调用保存文件框	用于打开一个文件夹位置保存文件
打开目录查找	用于打开一个目录位置
调用自定义界面	用于调用弹出一个 PyMe 设计的界面

因为希望选择调用注册界面,所以在这里单击"调用自定义界面"按钮(见图 3-27)。

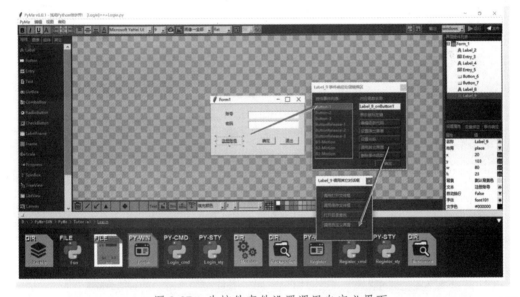

● 图 3-27　为控件事件设置调用自定义界面

在弹出的对话框里选择注册界面 Register.py,完成后会看到当前事件对应函数代码:

```
#Label '注册账号' s Event:Button-1
def Label_9_onButton1(event,uiName,widgetName):
    #调用弹出对话框,并返回输入的信息。
    InputDataArray=Fun.CallUIDialog("Register")
    print(InputDataArray)
```

在这里要注意用到 Fun 库中的函数 CallUIDialog,具体说明见表 3-7。

表 3-7　调用一个界面实例

函 数 名 称	功 能 说 明	参 数 说 明
CallUIDialog	弹出指定的界面对话框,取得界面上数据输入控件的数据结果,以字典方式返回	● uiName:指定界面的类名

▶▶ 3.2.4 运行与测试

在完成了上述代码编写后，单击顶部快捷按钮栏中的"运行"按钮进行测试。首先在 Login 界面上输入信息并单击"确定"按钮，这时可以看到弹出信息"账号未注册，请进行注册!"，说明没有注册账号。单击"注册账号"文字链接，这时会弹出注册界面对话框。

在注册界面输入注册信息后，单击"提交注册"按钮，这时可以看到提示对话框显示"注册成功!"（见图 3-28）。

● 图 3-28　弹 出 注 册 对 话 框

关闭注册界面，在登录界面中输入注册的账号与密码，单击"确定"按钮，这时会发现提示"账号未注册，请进行注册"（见图 3-29）。

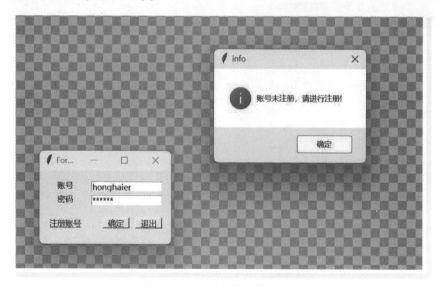

● 图 3-29　登 录 时 仍 然 提 示 未 注 册

这是为什么呢？

分析一下就可以发现，这里有一个涉及 Python 标准库中的嵌入式数据库 SQLite3 使用的小知识，就是在连接数据库时，使用了这一行代码访问内存数据库。

```
conn = sqlite3.connect(':memory:')
```

访问内存数据库与一般的数据库文件和系统的不同之处在于这个数据库只存在于运行时的内存中，一旦数据库所处的内存被释放，数据库的连接对象和数据也就不存在了。

如果仍然希望使用内存数据库，可以将数据库的连接对象设置为全局的对象供调用，而不是将其生命周期放在一个函数内部。

还有一种更简单的方法，只需要在设置创建数据库连接时设定使用文件数据库即可。

```
conn = sqlite3.connect(os.path.join(os.getcwd(),"test.db"))
```

这样就可以保证在每次调用数据库时都能够正确地访问到唯一的数据库数据了，再次登录，就可以看到图 3-30 的验证结果了。

● 图 3-30　输入账号密码通过验证

3.3　实战练习：开发一个物流信息录入功能界面

本章通过一个简单的用户注册与登录界面的开发，掌握了界面控件数据访问和数据库基本操作的方法。在实战练习中尝试开发一个简单的物流信息录入与查询的小程序来进行巩固。

同样设计两个界面，一个界面用于查询物流信息，另一个界面用于录入物流信息，具体的界面大家可以自行扩展和设计，在这里给出参考。

第一个界面：查询物流信息的界面

在这个界面上可以通过快递单号、发件/收件人、电话号码等信息查询数据库中的信息，并将结果显示在一个自动换行的多行文本上（见图 **3-31**）。

● 图 3-31　设置接收信息的 Label 可自动换行

第二个界面：　录入物流信息的界面

物流信息的输入界面包括了快递单号、快递物品说明、发件人和收件人信息（见图 **3-32**），数据获取和放入数据库的逻辑实现与本节中注册信息是一样的。大家可以尝试使用安装在服务器上的 **MySQL** 和 **MSSQLServe** 数据库来完成这个系统，掌握不同数据库操作的方法。

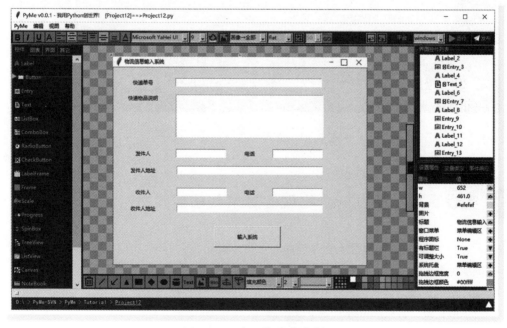

● 图 3-32　录入物流信息界面

CHAPTER 4

第 4 章

请求网络数据——物流查询

上一章学习了如何在数据库中录入数据并查询，而在实际项目开发中，基于远端 web 接口的查询才是前端应用最常见的数据查询方式，本章将以一个物流查询应用项目来掌握 web 接口调用的开发。我们将学习列表（ListBox）和复选按钮（CheckButton，也称"复选框"）两种控件的使用，并学会通过使用 urllib 网络库来实现基于 HTTP 的接口调用。实战练习是一个火车票查询软件。经过本章的学习，我们将学会如何基于网络接口访问来开发一些常用的网络数据查询应用软件。

4.1 物流查询工具的界面设计

当今时代，网络购物成了人们普遍使用的一种购物方式，购买的物品下单后，商品会由商家发货给物流公司进行运送，消费者也会比较关心自己的商品在物流路程上的运送情况，所以一些物流公司就开放了商品的物流数据库查询接口，大家可以在相应的应用软件或网站上通过订单号进行查询，下面来进行这个软件的方案设计。

▶▶ 4.1.1 物流查询软件的方案设计

在进行具体的设计之前，先明确本案例的功能：在软件界面上选择快递公司，并输入快递单号，单击"查询"按钮可以调用网络请求，从快递 100 网站查询快递物流信息并显示。这里使用的测试链接为：

```
"http://www.kuaidi100.com/query? type=快递公司标识 &postid=快递单号"
```

1. 物流查询工具界面草图

本例的界面只有一个，在这个界面上完成下面的功能。

1）提供一个下拉列表框用于选择快递公司。

2）提供一个输入框用于填写快递单号。

3）提供一个"查询"按钮，单击后调用网络接口进行查询。

4）提供一个物流信息的列表框用于显示物流查询信息结果。

界面设计草图见图 4-1。

● 图 4-1　物流查询工具软件界面设计草图

2. 工具的运行流程

工作使用的流程非常简单，如图 4-2 所示。

3. 查询功能的逻辑方案

从图 4-2 可以看出，本章案例没有太复杂的逻辑处理，主要是在（3）和（4）上完成相应的功能即可。

（3）想要通过 HTTP 方式调用网络接口，在 Python 中可以使用 urllib 库，它包括了一些通过 HTTP 进行网络接口操作的组件和方法。

（4）在通过 urllib 获取网络查询结果的返回信息后，为了更清晰地展现商品在物流过程中每次的中转信息，这里使用列表控件来进行显示，将字内容按行插入列表框中即可。

图 4-2　物流查询工具软件界面使用流程

▶▶ 4.1.2　物流查询工具界面制作

清楚了整个案例的流程和界面草图，很快就可以完成界面的制作，在这一节中重点是了解列表框控件的使用方法。

1. 项目创建与主窗体设置

启动 PyMe，在综合管理界面选择"空白"项目模板，输入 ExpressQuery 作为项目名称。创建好项目后，按照设计草图，在设计器里通过控件拖动方式创建出界面，结果见图 4-3。

图 4-3　在 PyMe 中制作物流查询界面

2. 控件的属性与方法介绍

在本例中使用了 3 种输入控件，分别是用于选择物流公司的下拉列表框控件（ComboBox）、显示物流信息的列表框（ListBox）和设置是否使用线程的复选按钮（CheckButton），下面来分别介绍它们的属性与使用方法。

（1）选择物流公司：下拉列表框控件

在上一节中学习了下拉列表框的基本用法，在本节中使用一个下拉列表框来罗列一些物流公司，比如"申通快递""EMS 邮政""圆通快递""顺丰快递""韵达快递""中通快递""德邦快递"。

在下拉列表框的数据编辑区中输入相应的公司名称，并选择其中之一作为默认选项（见图4-4）。

（2）按行显示信息：列表框控件

列表框控件也是一种常见的多项选择控件，它需要占据一定的空间来展现多行选择项或文本信息，同时它也具备可同时选择多行的特点，所以在需要同时多选的输入时，一般会使用列表框。在做一些多行的消息输出时，也会经常使用列表框来表现。在 PyMe 中，它对应左边工具条的图标为 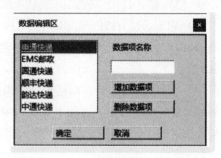。

● 图 4-4　下拉列表框中的公司名称列表

列表框的主要属性包括以下几种。

● 数据项：主要用于编辑下拉列表框中的各选项数据项。

这个属性和下拉列表框控件是一样的，也可以通过单击"数据项"属性栏来管理各选项数据项。在本实例工程中主要使用列表框来展现网络返回的物流消息，所以这里空置即可。

● 选择方式：这里可以选择"单选"和"多选"。

选择"单选"，在同时只能选中一行。

选择"多选"，按着〈Ctrl〉键可以选择多个选项，按着〈Shift〉键则从第一个选中行到当前选中行之间的所有行都被选中。

比如这里按下〈Ctrl〉键，然后选择 BBB、CCC、DDD 三个选项，则三个选项都被选中。如果先选中 BBB，然后按下〈Shift〉键并选择 DDD，也会看到同样的效果（见图4-5）。

● 滚动条：这里可以选择"有"和"无"。

如果选择"有"，可以看到列表框的右边出现一个纵向滚动条，对于列表框中行数较多的情况，使用滚动条可以方便我们快速定位到相应的行。比如这里在列表框中加入 AAA~GGG，行数超过了列表框的高度，这时就可以设置滚动条，运行后可以用滚动条拖动到底部（见图4-6），这时就快速定位到了原本看不到的文字行。

● 图 4-5　列表框多选

● 图 4-6　列表框的滚动条

列表框常用到的事件如下。

- 选中列表项：当用鼠标单击列表中文字时，对应的列表项就被选中，这时会触发选中列表项（ListboxSelect）事件。

- 图 4-7　列表框的选中项事件

在 Fun 库中涉及列表项的操作如表 4-1 所示。

表 4-1　列表框操作相关函数

函 数 名 称	功 能 说 明	参 数 说 明
GetValueList	取得控件值列表	uiName：界面类名 elementName：控件名称
SetValueList	设置控件值列表	uiName：界面类名 elementName：控件名称 valueList：值列表
GetCurrentValue	取得选中项文字	uiName：界面类名 elementName：控件名称
SetCurrentValue	设置选中项文字	uiName：界面类名 elementName：控件名称 value：变量名称
GetCurrentIndex	取得选中项索引	uiName：界面类名 elementName：控件名称
SetCurrentIndex	设置选中项索引	uiName：界面类名 elementName：控件名称 index：索引值
AddLineText	增加一行文字	uiName：界面类名 elementName：控件名称 text：文字内容 lineIndex：用于指定插入到第几行的行索引，默认 end 标识为采用追加方式增加到最后一行，insert 标识为当前光标位置 tag：标记名称，用于在 Text 控件中应用不同的标记样式，ListBox 用不到

(续)

函 数 名 称	功 能 说 明	参 数 说 明
DelLineText	删除一行文字	uiName：界面类名 elementName：控件名称 lineIndex：要删除的指定行索引
DelAllLines	清空所有行文字	uiName：界面类名 elementName：控件名称

通过这些方法可以方便地对列表框进行数据的设置和获取。

（3）布尔设置：复选按钮控件

复选按钮是一种只有"是"和"否"两种选择的布尔型输入控件，只需要反复单击它就可以进行两种选择的切换，就像开关一样。在 PyMe 中它对应工具条的图标为 ☒CheckButton 。

复选按钮的主要属性是值。

- 值：当前按钮具有 True 和 False 两个值，分别对应"勾选"状态和"未勾选"状态。

可以通过 Fun 库中 GetCurrentValue 和 SetCurrentValue 来获取和设置复选按钮的值。

本项目将在最后使用这个复选按钮来做一点简单的体验感优化，稍后再做进一步的讲解。

4.2 查询与显示的逻辑实现

在完成界面设计后，就可以来进行具体的编码实现了，在这里重点是掌握 urllib 库的编程方法。

▶▶ 4.2.1 使用 urllib 库请求查询信息

一般使用基于 web 的网络接口调用，相关接口提供方都会提供出标准的接口调用格式，在本实例中使用的物流信息查询测试接口为：

http：//www.kuaidi100.com/query？type＝快递运营商标识名 &postid＝快递单号。

这是一个标准的 URL 地址，它在网页的链接中加入了两个参数，第一个参数 type 用来传递给服务器要查询的快递运营商标识名，第二个参数 postid 为快递单号。

urllib 库是 Python 内置的一个 HTTP 请求库，经常使用它来打开一个网页，获取网页的内容，urllib 包含了四个子模块。

1）urllib.request：请求模块，用于向服务器发送请求。

2）urllib.error：异常处理模块，用于对异常情况进行分析。

3）urllib.parse：URL 解析模块，提供了很多解析和组建 URL 的函数。

4）urllib.robotparser：服务器上的 robots.txt 解析模块，用于判断哪些网页可以让爬虫访问，哪些网页不可以让爬虫访问。

在了解了关于 urllib 库的基本模块后，我们再了解一下一般的 urllib 打开网页的基本流程。

1）导入 urllib 的相应模块。

2）构建出要打开的网页 URL 地址、浏览器的头信息（可忽略）、发送的数据和请求的方式，并以此创建出 urllib.request.Request 请求对象。在这里要注意接口调用的方式是使用 GET 还是 POST。

3）使用请求对象调用 urllib.request.urlopen 函数向服务器发送请求，并获取返回信息对象。

4）读取信息并进行解码和解析。

下面分别用两个小实例演示一下用 urllib 以 GET 和 POST 方式请求网页的过程。

```
#GET 方式请求网页演示
#1.导入 urllib 库的 request 模块
import urllib.request
#2.构建网页 URL
base_url="http://www.py-me.com/Test/TestGet.php? username=abc&password=123456"
#构建 Request 请求对象,这里设置 method 参数为 GET,因为 Request 默认采用 GET,所以也可以省略此参数
设置
req=urllib.request.Request(url=base_url,method='GET')
#3.向服务器发送请求,获取返回的信息对象
response=urllib.request.urlopen(req)
#4.读取信息并解码
html=response.read().decode('utf-8')
#打印输出信息结果
print(html)
```

在 VSCode 中运行这段代码，可以在输出信息框里看到获取的 HTML 代码（见图 4-8）。

```
<!DOCTYPE html>
<html>
<body>
欢迎  abc密码是  123456
</body>
</html>
```

• 图 4-8　使用 GET 方式获取网页信息

然后改一下代码，采用 POST 方式来获取网页。

```
#1.导入 urllib 库的 request 模块和 parse 模块
import urllib.request
import urllib.parse
#2.构建网页 URL
base_url="http://www.py-me.com/Test/TestPost.php"
#构建 POST 数据结构
data={
    "username":"abc",
    "password":"123456"
}
#将 POST 数据结构以 UTF-8 编码
postdata=urllib.parse.urlencode(data).encode('utf-8')
#构建 Request 请求对象,这里显示设置 method 参数为 POST,并提交 POST 数据给 data 参数
req=urllib.request.Request(url=base_url,data=postdata,method='POST')
#3.向服务器发送请求,获取返回的信息对象
response=urllib.request.urlopen(req)
#4.读取信息并解码
html=response.read().decode('utf-8')
#打印输出信息结果
print(html)
```

运行结果和上面是一样的（见图 4-9）。

```
<!DOCTYPE html>
<html>
<body>
欢迎 abc密码是 123456
</body>
</html>
```

• 图 4-9　使用 POST 方式获取网页信息

仔细观察两段代码可以看到，GET 方式把提交的数据都显式连接在 URL 中，而 POST 方式是把提交的数据打包成一个结构体，在 URL 上没有任何参数信息，这样的好处是隐私性好一点，而且也可以比 GET 方式发送更多的数据。

在本节实例中使用 GET 方式来调用物流查询接口。可以直接采用上面 GET 方式的演示代码，将 URL 改为：

http：//www.kuaidi100.com/query？type=快递运营商标识名 &postid=快递单号。

并随便尝试输入一些快递运营商标识号和快递单号，比如：

"　http：//www.kuaidi100.com/query？type=shentong&postid=0000051"。

如果服务器的数据库中存在相应的物流信息，就可以看到返回的结果（见图4-10）。

• 图 4-10　查询结果

这样就实现了基于 HTTP 的查询功能。

▶▶ 4.2.2　使用 JSON 库解析接收的显示

在上节接收到返回的消息后，可以看到它是一个 JSON 格式的数据包，JSON 是一种轻量级的文本数据格式，具有比较好的描述性，相对于二进制数据格式非常容易理解，而且比 XML 更小，也更容易解析，所以在网络的数据交换场景中应用非常广泛，很多数据接口都提供了 JSON 格式的数据返回功能。

对于 JSON 数据包需要做一些解析来形成更加清楚明了的数据表。在 Python 中也提供了一个名为 json 的模块，它可以方便地让数据在 Python 与 JSON 间转换，表 4-2 列出了 json 的主要函数。

表 4-2　json 的主要函数

函 数 名 称	函 数 描 述
json.dump	将 Python 数据对象输出到 JSON 文件中
json.dumps	将 Python 数据对象编码成 JSON 字符串
json.load	将 JSON 字符串转换成 Python 对象
json.loads	读取 JOSN 文件转换成 Python 数据对象

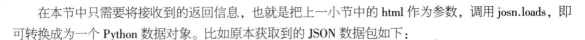

在本节中只需要将接收到的返回信息，也就是把上一小节中的 html 作为参数，调用 josn.loads，即可转换成为一个 Python 数据对象。比如原本获取到的 JSON 数据包如下：

{"message":"ok","nu":"000022","ischeck":"0","condition":"B00","com":"shentong","status":"200","state":"1","data":[{"time":"2022-12-17 10:36:07","ftime":"2022-12-17 10:36:07","context":"【江苏省江阴市电商客户揽投部】已收寄,揽投员:XXX,电话:12345678910","location":""}]}

调用 josn.loads 转换后：

{'message': 'ok', 'nu': '000022', 'ischeck': '0', 'condition': 'B00', 'com': 'shentong', 'status': '200', 'state': '1', 'data': [{'time': '2022-12-17 10:36:07', 'ftime': '2022-12-17 10:36:07', 'context': '【江苏省江阴市电商客户揽投部】已收寄,揽投员:XXX,电话:12345678910', 'location': '}]}

对比两部分的数据可以发现，两者数据包非常相似，但因为 JSON 数据包是一个长字符串，所以是无法直接通过字段名来取得相应数据的，经过转换后，Python 会创建出一个字典数据结构，并将各字段数据解析填充起来，这样就可以方便地通过字段名来访问相应的数据了。

▶▶ 4.2.3　接收并显示结果列表信息

查询到物流信息后，需要将查询结果在列表中进行显示，这时可以再次调用 Fun 函数库中的相应函数，将物流信息按行增加到列表框中，下面为具体实现的相关代码。

```python
#单击"查询"按钮后的函数响应
def Button_8_onCommand(uiName,widgetName):
    #从组合框中取得选择的公司名称
    CompanyName = Fun.GetText(uiName,'ComboBox_4')
    #创建一个字典用于建立公司名称与标识的对应关系
    CompanyParam = {}
    CompanyParam['申通快递'] = 'shentong'
    CompanyParam['EMS 邮政'] = 'youzhengguonei'
    CompanyParam['圆通快递'] = 'yuantong'
    CompanyParam['顺丰快递'] = 'shunfeng'
    CompanyParam['韵达快递'] = 'yunda'
    CompanyParam['中通快递'] = 'zhongtong'
    CompanyParam['德邦快递'] = 'debang'
    #取得输入的快递单号
    PostID = Fun.GetText(uiName,'Entry_6')
    #查询接口的 URL 字符串
    base_url="http://www.kuaidi100.com/query? type="+CompanyParam[CompanyName]+
"&postid="+PostID
    #构建 Request 请求对象,这里设置 method 参数为 GET,因为 Request 默认采用 GET,所以也可以省略此参数
设置
    req=urllib.request.Request(url=base_url,method='GET')
    #向服务器发送请求,获取返回的信息对象
    response=urllib.request.urlopen(req)
    #读取信息并解码
    html=response.read().decode('utf-8')
    #将信息转换为 Python 数据对象
    target = json.loads(html)
    print(target)
    #获取状态值
```

```
status = target['status']
#如果是 200,说明正常
if status == '200':
    #取得 data 字段中的信息列表
    data = target['data']
    #print(data)
    #清空当前列表框中的所有行
    Fun.DelAllLines(uiName,'ListBox_9')
    data_len = len(data)
    for i in range(data_len):
        time_text = "时间: " + data[i]['time']
        #在列表框中增加一行显示时间信息
        Fun.AddLineText(uiName,'ListBox_9',time_text)
        state_text = "状态: " + data[i]['context']
        #在列表框中增加一行显示状态信息
        Fun.AddLineText(uiName,'ListBox_9',state_text)
```

运行后,选择"快递公司",输入快递单号,单击"查询"按钮,在短暂等待后,"物流信息"列表框中将会显示出物流信息(见图 4-11)。

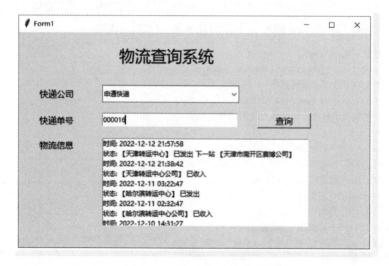

● 图 4-11   物流查询运行结果

▶▶ 4.2.4   使用多线程优化体验

上一节实现了整个查询过程,但在单击"查询"按钮时,会在一段等待时间后才刷新出来,这是为什么呢?

这是因为接口 API 的请求经过程序发送出去,再到远端服务器接收和查询数据,返回消息到我们的程序,并不能在瞬间完成。而我们的界面按钮在这个过程中一直处于等待状态,不能做其他的工作,就会造成明显的卡顿感。那该怎么办呢?

一般会再创建一个线程来处理网络消息的收发,这样因为接口 API 的请求发送与接收过程和界面的刷新不在一个线程中,就不会产生界面线程等待的状况,也就消除了这个卡顿感。

在这里设计一个复选框来设置是否启用多线程，来让大家通过对比体会这个差异。

从左边的工具条中拖动一个复选框到界面中，修改文字为"多线程"（见图 4-12）。

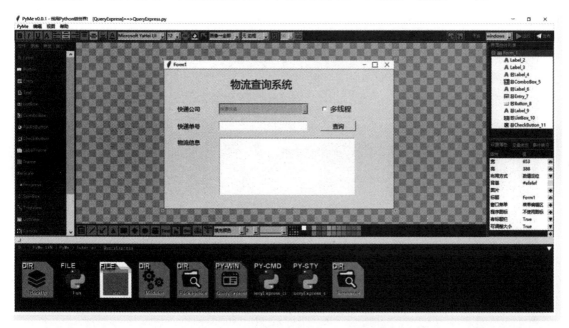

● 图 4-12　加入"多线程"复选框

然后单击"查询"按钮，进入响应函数，在函数最上面空出一格，用鼠标右键单击，在弹出的菜单里选择"系统函数"下的子菜单项"创建一个线程函数"命令（见图 4-13）。

● 图 4-13　通过菜单创建函数

在弹出的"创建一个线程函数"对话框中输入一个线程名称，并定义一个参数，单击"确定"按钮后，即可生成创建线程函数（见图4-14）。

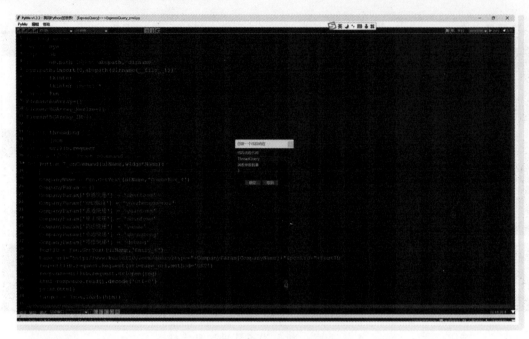

● 图 4-14　设置线程函数

在当前文件新产生的函数中把之前按钮中的代码都剪切过来放到线程函数，并将参数名称改为uiName，如图4-15所示。

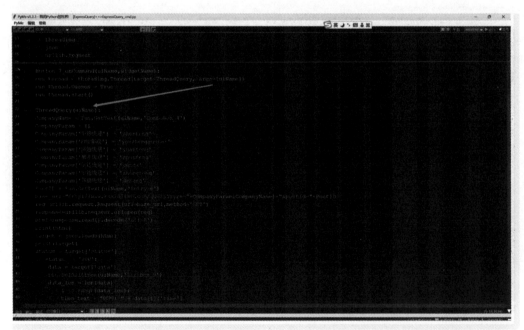

● 图 4-15　填充线程函数内容

这样就将响应函数中原本的代码改成以另一个线程来执行了。现在再获取一下"多线程"复选框的值来作为一个线程启用的开关。

```
#Button '查询' s Event:Command
def Button_7_onCommand(uiName,widgetName):
    #获取一下复选框的值,看是否设置为使用多线程
    UsingThread = Fun.GetCurrentValue(uiName,'CheckButton_10')
    if UsingThread == True:
        #启动线程执行函数,并传入 uiName 参数
        run_thread = threading.Thread(target=ThreadQuery, args=[uiName])
        run_thread.start()
    else:
        #不使用线程,直接执行函数
        ThreadQuery(uiName)
```

再次启动后,可以通过勾选"多线程"复选框来使用多线程进行查询,体验两种方式的不同,我们会发现通过"多线程"方式调用查询,界面就不再有任何卡顿感了,因为代码启动线程后就返回了,而不再需要等待网络查询结果。

4.3 实战练习:做一个火车票查询软件

本章我们学会了如何通过 urllib 库来调用网络查询接口并解析输出显示到列表框,在实战练习中可以基于本章学到的知识来开发一个火车票查询软件。

在界面的制作上控件并不多,主要是起点、终点、日期和用于列出查询结果的列表框等控件,开发者可以根据想法多加一些参数设置控件。这里使用了编辑框来输入起点和终点,日期选择框(DatePicker)来处理日期输入、列表控件来罗列查询的结果(见图 4-16)。

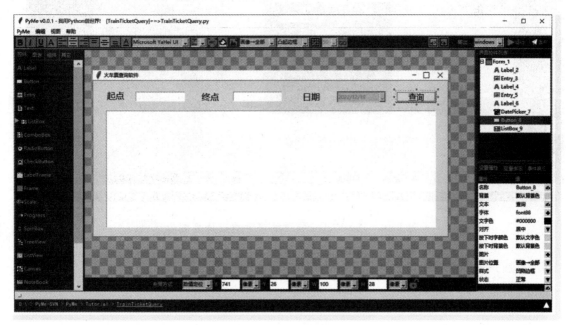

• 图 4-16　火车票查询软件界面

▶▶ 4.3.1 日期选择控件

在查询火车票的时候，会有一个行程
日期的输入，在这里介绍 PyMe 的日期选
择控件 Calendar 和 DatePicker，它们都是专
门用来选择日期的，在工具条列表上的图
标为 Calendar 和 DatePicker。Calendar 是一
个可以选择日期的控件，但占用的界面空
间比较大，而 DatePicker 是一个下拉组合
框，单击下拉按钮会出现日历面板供选择。
两个控件占用的界面不同，但都可以很好
地完成日期选择的功能，图 4-17 展示了两
个控件在界面上的表现。

两个控件都有一个 SelectDate 事件
（见图 4-18），Calendar 在日历面板上选择
了日期后单击"确定"按钮就会触发，而
DatePicker 在选择了日期后就会触发。

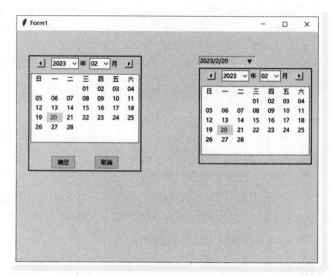

● 图 4-17 Calendar 控件和 DatePicker 控件

● 图 4-18 DatePicker 控件的事件响应处理编辑区

所对应的响应函数如下，选择的日期文本从参数 datestring 获取。

```
def DatePicker_2_onSelectDate(uiName,widgetName,datestring):
    pass
```

```
def Calendar_3_onSelectDate(uiName,widgetName,datestring):
    pass
```

对于 DatePicker 控件,也可以在代码中通过 Fun 库调用 Fun.GetDate 和 Fun.SetDate 来取得和设置当前日期值,具体函数说明见表 4-3。

表 4-3　Fun 库中取得和设置日期的函数

函 数 名 称	功 能 说 明	参 数 说 明
GetDate	取得日期	uiName:界面类名 elementName:控件名称
SetDate	设置日期	uiName:界面类名 elementName:控件名称 year:年 month:月 day:日

▶▶ 4.3.2　查询处理

火车票的查询接口一般使用 12306 或去哪儿的即可,比如打开去哪儿网 https://train.qunar.com,找到火车票查询,输入起点、终点和日期,单击“立即搜索”按钮(见图 4-19)。

● 图 4-19　去哪儿网的火车票查询界面

按〈F12〉键进入开发者工具,刷新网页,在 XHR 一项里可以看到地址行,在右边的“负载”一栏中可以看到查询字符串参数和列表(见图 4-20)。有了这个查询地址和参数,就可以调用 GET 方法来进行查询了。

选中“预览”一栏,可以在 data 数据表中看到 s2sBeanList 列表(见图 4-21),这就是返回的查询结果数列。

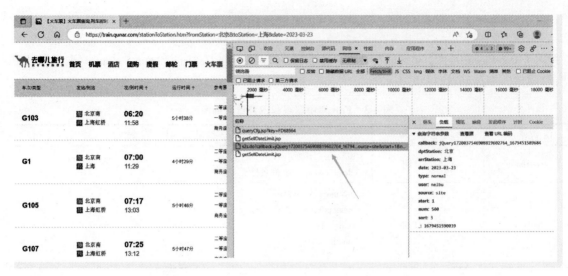

● 图 4-20　在浏览器中查看查询字符串及参数

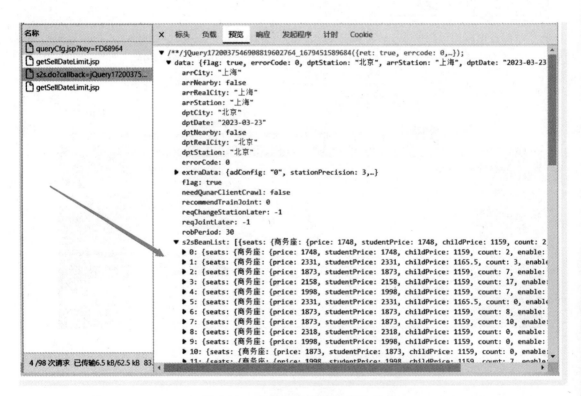

● 图 4-21　在浏览器中查看查询结果

　　基于对去哪儿网火车票查询页的分析，用 Python 来模拟整个流程，并正确地对返回数据进行解析，一个简易的火车票查询软件就开发出来了（见图 4-22），感兴趣的小伙伴还可以继续完善出机票和抢票功能，说不定有一天还真能派上用场。

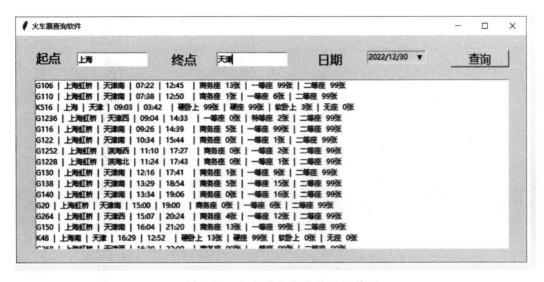

● 图 4-22 火车票查询软件运行结果

CHAPTER 5

第 5 章

文件处理工具——PDF
合并与拆分

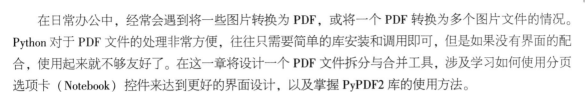

在日常办公中，经常会遇到将一些图片转换为 PDF，或将一个 PDF 转换为多个图片文件的情况。Python 对于 PDF 文件的处理非常方便，往往只需要简单的库安装和调用即可，但是如果没有界面的配合，使用起来就不够友好了。在这一章将设计一个 PDF 文件拆分与合并工具，涉及学习如何使用分页选项卡（Notebook）控件来达到更好的界面设计，以及掌握 PyPDF2 库的使用方法。

5.1 PDF 文件工具的界面设计

本章的案例将开发一个 PDF 文件工具软件，它有以下两个主要功能。

1）能够打开一个文件夹，将文件夹下的指定 PDF 文件打包成一个新的 PDF 文件。

2）能够打开一个 PDF 文件，按照输入的分页信息拆分成多个零散的 PDF 文件。

下面来进行具体的方案设计。

▶▶ 5.1.1 PDF 文件工具的方案设计

在进行工具类软件的设计时，因为涉及较多的设置和细节，往往会涉及更多的控件，如果控件占用的界面面积较大，就会影响用户的体验感，那如何才能设计出更好的工具类软件界面呢？我们就需要对软件功能进行划分，并合理选择控件进行功能分区和布局编排，本节就来实践一下这个过程。

1. PDF 文件工具的界面草图

在进行界面设计时，我们已经明确软件功能分为两部分，如果只是简单地把功能罗列在一个界面上，就会让用户觉得界面功能烦琐，如图 5-1 所示。

如前所述，划分好功能后，要合理选择控件，并进行功能分区和布局编排。既然已经明确软件功能分为两部分，而且每个部分有相对独立的功能，那是不是要将界面分为两个功能分区呢？

分页选项卡控件正是一个用于进行功能分区的控件，使用分页选项卡控件可将各部分的功能明确分开，一个分页用于展示"合并 PDF 文件"，另一个分页用于展示"拆分 PDF 文件"。

在"合并 PDF 文件"这一页，为了更好地对合并文件夹里的文件进行选择，可以使用两个列表框来表现可供选择的文件和选择要合并的文件，在左边的列表框中选中相应的文件后单击>按钮，即可将对应文件放到右边的列表框中，单击>>按钮则可将所有文件转到右边列表框中，如果需要将某些已经选中的文件

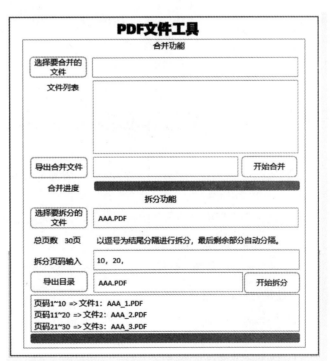

● 图 5-1 PDF 文件工具界面

从待合并的文件列表中移走，也可以单击<或<<按钮（见图 5-2）。

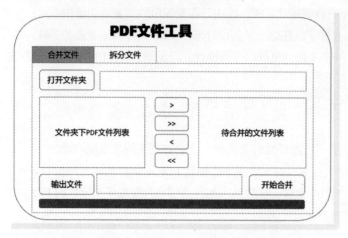

● 图 5-2　采用分页后的合并文件功能界面

在另一个"拆分 PDF 文件"的界面上提供一个选择文件的按钮，并提供一个输入框用于输入拆分页码，通过单击"开始拆分"按钮启动拆分，并将拆分结果在列表框中输出（见图 5-3）。

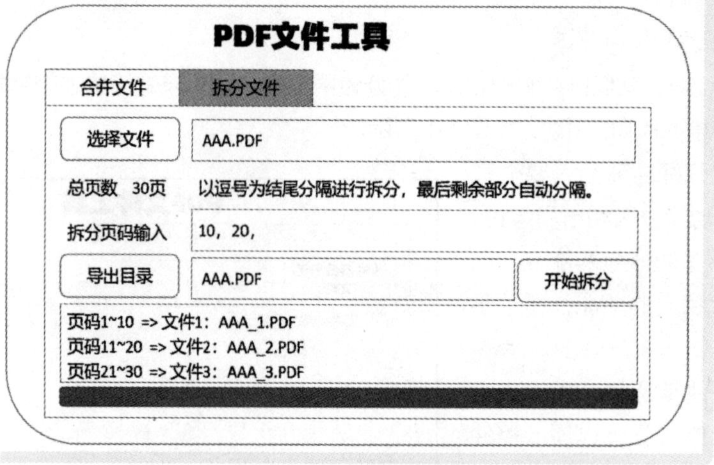

● 图 5-3　采用分页后的拆分文件功能界面

这样就完成了 PDF 文件工具的界面设计，是不是比之前清晰了很多呢？

2. 合并与拆分功能的使用流程

基于前面的界面草图，梳理出两部分功能的运行流程，如图 5-4 所示。

3. 合并与拆分功能的逻辑方案

流程确定后，根据流程进行逻辑方案的梳理。

在合并流程中，所涉及的功能点现实方案如下。

11）调用打开文件夹的通用对话框，调用 Fun 函数库的遍历函数来遍历目标文件夹中的 PDF 文件，得到文件列表，并加入左边文件列表框中。

● 图 5-4　合并与拆分 PDF 的流程

12）从左边文件列表框选中对应文件，然后单击>或>>按钮，移动到右边文件列表框，主要是对列表框的文本项进行删除和增加操作。

13）PDF 文件的合并，需要用到 PyPDF2 库，在这个库中包括了对于 PDF 文件读取和写入的操作方法。

14）要想显示合并的进度可以设定好进度条的总进度数为要合并的文件数量，然后每合并完一个文件后递进一步。

在拆分流程中所涉及的功能点现实方案如下。

23）在拆分 PDF 时，重点是对输入的页码区间文本进行解析，这里通过逗号来作为分割符进行拆分，最后遍历拆分的页码区间，将 PDF 文件的对应区间读取后写入独立的 PDF 文件即可。

24）进度条的展示以拆分的文件数量作为进度条的总进度数，每次生成一个独立的 PDF 文件后递进一步。

▶▶ 5.1.2　制作 PDF 文件工具界面

清楚了整个案例的流程和界面草图，我们就可以很快完成界面的制作，在这一节中重点是了解容器类控件的使用方法。

1. 项目创建与主窗体设置

启动 PyMe，在综合管理界面选择"空白"项目模板，输入 MyPDF 作为项目名称。然后进入主窗体设计窗口，从左边的工具条里选择分页选项卡控件，并将其拖动到界面中，可以看到一个白色面板被创建出来（见图 5-5），这就是分页选项卡控件。

然后将 Form_1 的布局方式改为"打包方式"，并将 NoteBook_2 控件的布局方式改为"打包排布"，并设定"填充"项为"四周"（见图 5-6），让 NoteBook_2 控件布满整个 Form_1。

因为 NoteBook_2 控件本身是作为一个嵌入界面用的容器存在的，所以这里只需要放置一个 NoteBook 容器就可以了，下面在资源面板里新增加 Page1 和 Page2 两个窗体，并按照前面的界面草图完成每一个界面的设计控件摆放。

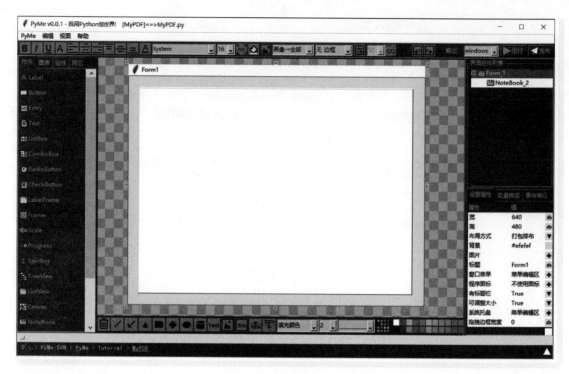

● 图 5-5　分页选项卡控件

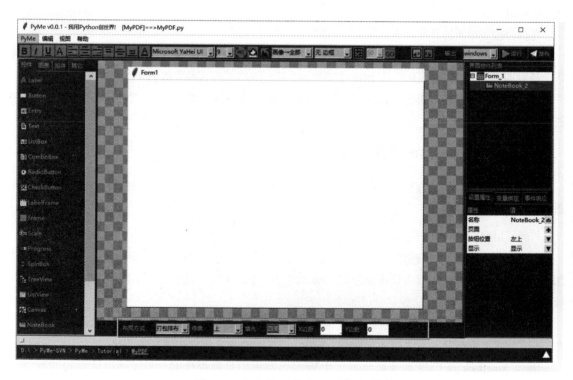

● 图 5-6　在布局工具条设置打包模式

图 5-7 和图 5-8 展示了两个窗体的界面。

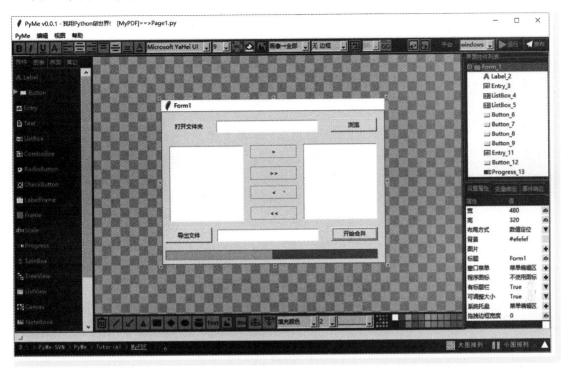

● 图 5-7　Page1 界面

● 图 5-8　Page2 界面

在设计完 Page1 和 Page2 两个界面后，在 MyPDF 界面里选中 NoteBook_2，并在属性栏里单击"页面管理"选项,之后在弹出的"页面管理"对话框中创建两个页面,将 Page1 和 Page2 嵌入进来(见图 5-9)。

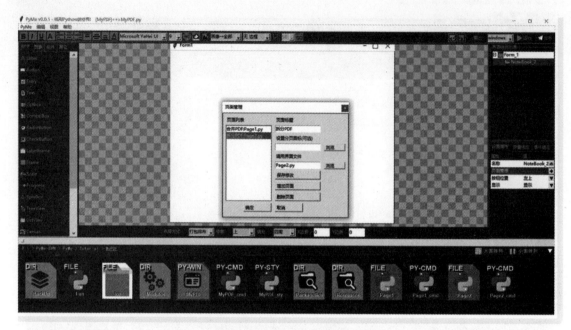

● 图 5-9 为 NoteBook 设置分页

单击"确定"按钮后,可以看到两个窗体成了当前 NoteBook_2 控件的两个选项页(见图 5-10)。

● 图 5-10 设置好分页的 NoteBook

经过简单的调整就可以设计出本例期望的界面效果了。

2. 嵌入思想：容器类控件介绍

和很多模块化的开发流程一样，其实界面设计也可以使用模块化的思想来提升设计的效率、界面的复用，降低各界面控件间的耦合以及逻辑的处理复杂度。

调用一个界面，通常有两种方式。

1）弹出对话框：类似通过 Fun.CallUIDialog 函数调用注册界面，本质上是创建一个 TopLevel 对象作为 root 来创建新界面，这样对话框在弹出后是一个独立的窗体。

2）嵌入到界面：就是将指定界面嵌入其他的容器类控件上显示，这样可以将多个独立的界面整合到一个界面中，非常灵活，也更加方便界面设计。

说到容器类控件，就是指作为一个容器嵌入其他控件的容器。在 Python 的 tkinter 界面库中，本质上所有的控件都可以作为容器，只不过因为其他控件有自己明确的事件逻辑，所以一般不会再继续作为容器嵌入其他控件，Canvas、Frame、LabelFrame、NoteBook、PanedWindow 是几种常见的容器类控件，一般容器控件本身都只是一个空白的占位区域，除了 Canvas 本身具有独立的图形绘制意义外，其他控件只有嵌入一些控件才有意义，Frame 是一个矩形面板，LabelFrame 则提供了一个明确的区域边框和标题文字，我们根据需要在上面创建其他的控件即可，而 NoteBook 则类似提供了分页的 Frame，分割窗体 PanedWindow 将一个空间分割成几个部分。下面分别介绍 Frame、LabelFrame、NoteBook。

（1）面板（Frame）控件

面板控件使用非常简单，在 PyMe 中从工具条中拖动创建到界面上后，就可以直接把其他的控件往上面拖动，待摆放到合适位置后松开，则其他的控件会变成面板（Frame）控件的子控件，如图 5-11 所示。将一个按钮控件拖动到 Frame_2 上后，可以看到在右边的控件树型列表中，Button_3 成了 Frame_2 的子控件。可以用这种方式在面板（Frame）控件中制作需要的界面。

● 图 5-11　将按钮拖动到 Frame 中，使按钮成为 Frame 子控件

面板控件的私有属性主要为"导入界面"。

- 导入界面：除了可以将需要的控件一个个拖动到面板控件上之外，也可以在右下角属性栏里选择 "导入界面"选项，在弹出的对话框中选择要嵌入的界面文件，即可将一个界面嵌入面板控件中。

图 5-12 演示了将另一个界面 CCC 嵌入当前 Frame_2 中的效果，当把界面 CCC 嵌入 Frame_2 控件中后，实际上界面 CCC 类实例化出一个界面对象并作为 Frame_2 的子控件，这样移动控件 Frame_2时，其中嵌入的界面也自然会随之整体移动。

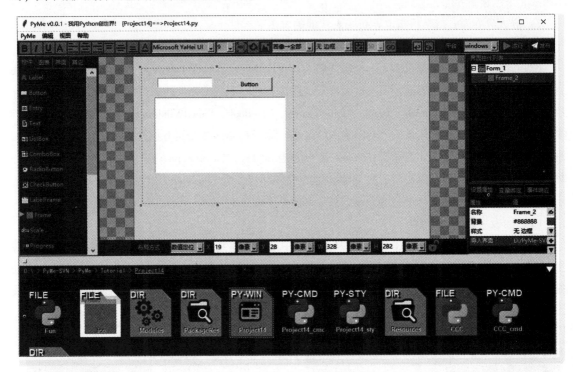

- 图 5-12　将另一个界面嵌入面板中

不管是为面板控件一个个创建子控件，还是将一个完整的界面嵌入，都可以达到相同的工作目标，但差异点是，采用创建子控件的方式需要在当前界面中处理每一个子控件的逻辑，而采用嵌入的方式，嵌入目标界面的逻辑是在界面的逻辑文件中处理，所以不容易产生耦合，而且嵌入目标界面作为一个独立的类，可以被多次实例化复用。

（2）标签面板（LabelFrame）控件

和面板控件一样，标签面板也只是一个空白区域，但它会有一个明确的分区外框，一般用于将同类的功能处理所相关的控件放在一个标签面板中。

比如在界面上通过几个简单的单选按钮来进行一个投票调查，可以将同一个问题的多个单选按钮放在一个标签面板控件中，并将问题的文字设为标签面板的文字内容，这样读者就非常容易感知这些单选按钮是同属于一个问题，如图 5-13 所示。

标签面板的私有属性也是"导入界面"，这里也就不再赘述了，图 5-14 是一个简单的演示，体现了标签面板与面板同样的界面嵌入能力。

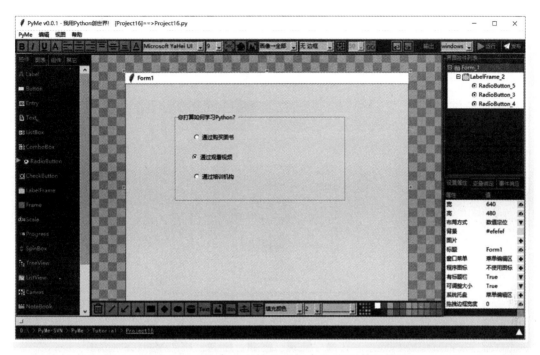

● 图 5-13 放在一个标签面板中的多个单选按钮

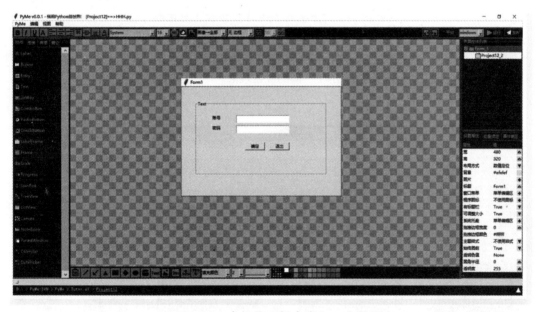

● 图 5-14 在标签面板中嵌入一个界面

（3）分页选项卡（NoteBook）控件

如果把面板、标签面板比作一张绘图纸，那么分页选项卡就好像是一本图册。分页选项卡控件可以将多个界面以分页的形式嵌入其中，并通过按钮进行切换显示。

在 PyMe 中分页选项卡有两个可供设置的私有属性。

- 页面管理：单击"页面管理"选项后弹出"页面管理"对话框（见图 5-15），可以在这个对话框里加入、修改、删除当前分页选项卡的所有分页，每一个分页可以输入对应的页面标题，也可以设定分页的图标（可选）和指定要嵌入的分页界面文件。

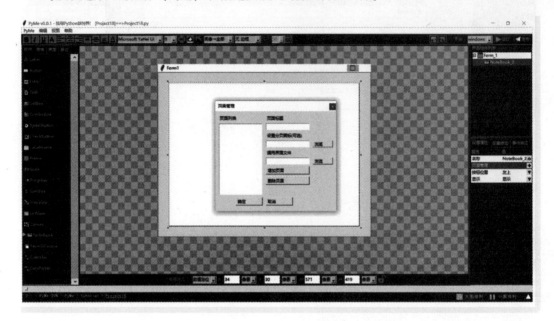

● 图 5-15　分页选项卡的页面管理对话框

- 按钮位置：设定当前分页选项卡的分页按钮排列位置，默认是左上角，也可以根据需要设置分页按钮所在的位置，图 5-16 展示了不同的设置效果。

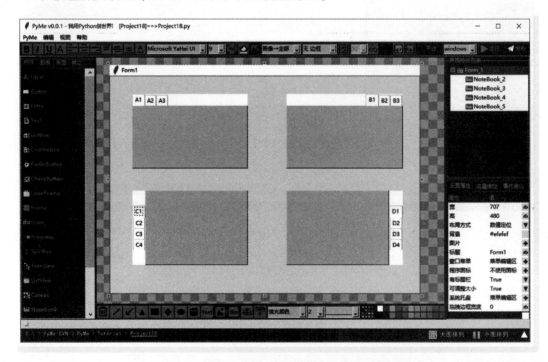

● 图 5-16　切换按钮放置在不同位置的分页选项卡

分页选项卡控件的主要事件为切换选项页，在 PyMe 中对应的事件名称是 NotebookTabChanged（见图 5-17）。

我们需要在切换时做相应的逻辑处理，直接在这个函数中加入逻辑代码即可。

3. 进度显示：进度条（Progress）控件

进度条控件主要用于显示一件事情处理的进度或者状态。在一些如文件处理、资源读取、网络下载等涉及多个文件的场景中经常会用到。

在 PyMe 中进度条有以下一些主要属性。

- 方向：进度条的前进方向，有横向和纵向两种。
- 模式：除了常见的从 0 到最大值的进度展示之外，还有一种模式——"等待"，表现了一个不确定时间的等待状态，进度色块会不停地从 0 到最大值之间来回移动（见图 5-18）。

● 图 5-17　分页选项卡的切换页面事件

● 图 5-18　上面的进度条显示进度，
下面的进度条显示等待状态

- 最大值：进度条的最大值。
- 当前值：进度模式下的当前进度值。

在 Fun 库中可以通过 SetProgress 函数来对进度条进行设置，函数说明见表 5-1。

表 5-1　Fun 中的设置进度函数

函 数 名 称	功 能 说 明	参 数 说 明
SetProgress	设置进度条	uiName：界面类名 elementName：控件名称 maximum：进度范围最大值 value：当前进度值

可以通过 SetCurrentValue 和 GetCurrentValue 设置和取得相应的进度值。

5.2　PDF 文件的合并与拆分处理

界面设计好后，下面开始进行具体的功能开发。本节将介绍如何使用 PyPDF2 库来实现对 PDF 文件进行读取、拆分与合并等操作。

使用 PyPDF2 库读取和写入 PDF

前面说到，关于 PDF 处理的部分主要依赖 PyPDF2 库，PyPDF2 的前身 PyPDF 诞生于 2005 年，之后为了支持 Python3 的特性，PyPDF 发展出一个分支，也就是 PyPDF2，主要包括以下功能。

1）获取基本的 PDF 文件信息，如作者、页数、标题等。

2）单个 PDF 文件拆分成多个 PDF 文件。

3）多个 PDF 文件合并成一个 PDF 文件。

4）对 PDF 文件中的页面进行旋转和添加水印。

5）对 PDF 文件进行加密解密。

这些功能极大地方便了我们编辑和导出 PDF，下面讲解使用 PyPDF2 进行 PDF 文件处理的基本流程。

首先通过 pip 安装一下 PyPDF2：

```
pip install pypdf2
```

在本例中需要对 PDF 文件进行拆分与合并，这里就涉及对 PDF 文件的读取和写入，而在 PyPDF2 中与之对应的是两个类——PdfReader 和 PdfWriter。

在代码中进行导入：

```
from PyPDF2 import PdfReader, PdfWriter
```

在读取一个 PDF 文件时要用到 PdfReader：

```
inputPDF = PdfReader(open("a1.pdf", "rb"))
```

读取成功后就可以通过它的函数方法来获取作者、页数等信息。

```
#获取文档信息
docInfo = inputPDF.getDocumentInfo()
#获取文档页数
pageCount = len(inputPDF1.pages)
#通过页索引访问到具体的页面
page1 = inputPDF.pages[0]
```

在准备写入一个 PDF 文件时要用到 PdfWriter：

```
outputPDF = PdfWriter()
#写入保存
#创建一个写入的文件流
outputStream = open("merge.pdf","wb")
#将 outputPDF 中的所有页面写入到文件流中
outputPDF.write(outputStream)
#关闭文件流,数据就保存到文件中了。
outputStream.close()
```

如果需要将多个 PDF 文件合并到一个 PDF 文件中，只需要将 PdfReader 读取到的 PDF 页都加入 PdfWriter 实例的页中，然后由 PdfWriter 实例保存到文件中。

```
#合并的 A1 文件对象
inputPDF1 = PdfReader(open("a1.pdf", "rb"))
#合并的 A2 文件对象
inputPDF2 = PdfReader(open("a2.pdf", "rb"))
#合并到的目标输出文件对象
outputPDF = PdfWriter()
#获取文档页数
pageCount1 = len(inputPDF1.pages)
#获取 A1 的所有页加入到输出文件对象
for iPage in range(pageCount1):
    outputPDF.add_page(inputPDF1.pages[iPage])
#获取 A2 的所有页加入到输出文件对象
#获取文档页数
pageCount2 = len(inputPDF2.pages)
for iPage in range(pageCount2):
    outputPDF.add_page(inputPDF2.pages[iPage])
#写入保存
#创建一个写入的文件流
outputStream = open("merge.pdf","wb")
#将 outputPDF 中的所有页面写入到文件流中
outputPDF.write(outputStream)
#关闭文件流，数据就保存到文件中了。
outputStream.close()
```

如果将一个 PDF 文件中的某些页面拆分保存成独立的 PDF 文件，也是用同样的方法，只需要通过 pages 将源文件中的页面对象取出来，并由写入文件对象调用 add-Page 放入，最后保存成 PDF 文件就可以了。

▶▶ 5.2.2 PDF 文件的合并处理

在掌握了 PyPDF2 的基本用法后，可以开始进行本实例的具体实现。在开始之前，需要先了解一下在 PyMe 中调用打开文件夹和文件的方法，它只是对 Python 内置界面库 tkinter 的一个简单封装，但可以很快地帮助我们打开一个对话框进行文件或文件夹的选择，具体方法的说明如表 5-2 所示。

表 5-2 Fun 中的文件或文件夹操作函数

对话框功能	方　　法	参　　　数
选择文件夹对话框	Fun.SelectDirectory（title，initDir）	title：对话框的标题 initDir：启动时的默认文件夹
打开文件对话框	Fun.OpenFile（title，tiletypes，initDir）	title：对话框的标题 tiletypes：可供选择的文件类型列表 initDir：启动时的默认文件夹
保存文件对话框	Fun.SaveFile（title，tiletypes，initDir）	title：对话框的标题 tiletypes：可供选择的文件类型列表 initDir：启动时的默认文件夹

下面打开 Paget1 页面，双击"浏览"按钮，进入响应函数。在代码处用鼠标右键单击，在弹出菜单中选择"系统函数"下的"打开目录查找"命令，即可快速加入一个打开文件夹的代码行（见

图 5-19）。

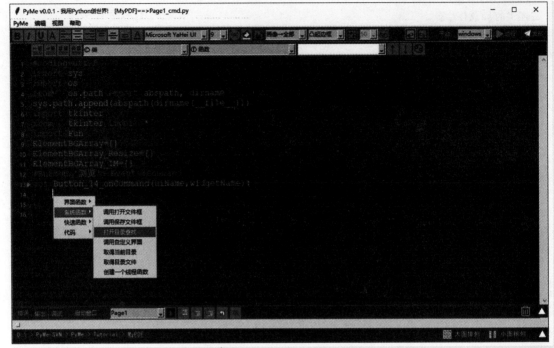

● 图 5-19 通过右键菜单添加"打开目录查找"功能代码

```
#打开文件夹选择对话框,返回选中的文件夹
openPath =Fun.SelectDirectory(initialdir=os.path.abspath('.'),title='打开文件夹查找')
#将选中的文件夹设置为编辑框中显示的文本
Fun.SetText(uiName,'Entry_3',openPath)
```

然后需要遍历当前文件夹,并将所有的 PDF 文件罗列到左边的列表框中。继续在代码处用鼠标右键单击,在弹出菜单中选择"系统函数"下的"取得目录文件"命令,即可快速加入一个遍历文件夹下所有文件的代码行。

```
FileList = Fun.WalkAllResFiles(openPath,False,"pdf")
for PDFFileName in FileList:
    pathname,filename = os.path.split(PDFFileName)
    Fun.AddLineText(uiName,'ListBox_4',filename)
```

界面上提供了四个按钮>、>>、<、<<,分别对应从左边列表框向右边列表框移动选中的文件、移动所有文件,以及从右边列表框向左边列表框移动的同样操作。这里可以在 **Page1_cmd.py** 中定义两个函数。

```
#移动选中的项
def moveSelectedItem(strList,dstList):
    items = strList.curselection()
    for i in items:
        dstList.insert(tkinter.END, strList.get(i))
```

```
    for i in items:
        strList.delete(i)
#移动所有项
def moveAllItem(strList,dstList):
    count = strList.size()
    for i in range(count):
        dstList.insert(tkinter.END,strList.get(i))
    strList.delete(0, "end")
```

只需要在按钮的响应函数中取得对应的列表控件，并调用上面的函数，就可以实现列表间的文件名移动处理。

>按钮逻辑处理：

```
leftListBox = Fun.GetElement(uiName, "ListBox_4")
rightListBox = Fun.GetElement(uiName, "ListBox_5")
moveSelectedItem(leftListBox,rightListBox)
```

>>按钮逻辑处理：

```
leftListBox = Fun.GetElement(uiName, "ListBox_4")
rightListBox = Fun.GetElement(uiName, "ListBox_5")
moveAllItem(leftListBox,rightListBox)
```

<按钮和<<按钮只是交换一下参数名即可。

在单击"导出文件"按钮进入响应函数后用鼠标右键单击，在弹出菜单里选择"系统函数"下的"调用保存文件框"命令，就可以快速加入一个保存文件对话框，并获取返回的文件路径。我们简单地做一些修改，就可以得到要保存的 PDF 文件路径。

```
#Button '导出文件' s Event:Command
def Button_15_onCommand(uiName,widgetName):
    savePath =Fun.SaveFile(title='Save PDF File',filetypes=
[('PDF File','*.pdf'),('All files','*')],initDir=os.path.abspath('.'))
    if savePath != None and len(savePath) > 0:
        pathName, fileName = os.path.split(savePath)
        if fileName.find('.') == -1:
            savePath = savePath +'.pdf'
            fileName = fileName +'.pdf'
            Fun.SetText(uiName,'Entry_11',fileName)
```

然后就是按照上一节中 PyPDF2 合并文件的方法，创建相应的 **PdfReader** 和 **PdfWriter**，并从待合并文件列表中把所有要合并文件的页读取、合并与保存即可，这部分处理不再赘述。

最后还有一个通过进度条控件显示合并进度的处理，要先设定进度条的合并文件数量作为进度条的最大值，然后在每一次从待合并文件列表中取出相应文件，读取每一次加入到 **PdfWriter** 对象中时，将进度+1。

```
#Button '开始合并' s Event:Command
def Button_12_onCommand(uiName,widgetName):
    #取得右边的待合并文件列表
    rightListBox =  Fun.GetElement(uiName,'ListBox_5')
    #取得当前 PDF 的文件夹路径
```

```
dpfPath = Fun.GetText(uiName,'Entry_3')
#取得待合并文件的数量
count = rightListBox.size()
#创建一个目标输出文件对象
outputPDF = PdfWriter()
#设定进度条的当前值为 0
Fun.SetProgress(uiName,'Progress_13',count,0)
#循环合并所有文件
for i in range(count):
    #取得右边待合并列表框中的每一个文件名
    FileName = rightListBox.get(i)
    #取得要合并的文件完整路径名
    PDFFile = os.path.join(dpfPath,FileName)
    #读取 PDF 文件,取得 PDF 文件对象
    inputPDF1 = PdfReader(open(PDFFile, "rb"))
    #取得 PDF 文件的页数
    pageCount = len(inputPDF1.pages)
    #遍历所有的页面
    for p in range(pageCount):
        #取得对应的页对象
        page = inputPDF1.pages[p]
        #将页对象加入到合并目标对象的页容器
        outputPDF.add_page(page)
        #进度条+1
        Fun.SetProgress(uiName,'Progress_13',count,i+1)
#取得导出的合并文件名
savePath = Fun.GetText(uiName,'Entry_11')
#创建一个写入的文件流
outputStream = open(savePath,"wb")
#将 outputPDF 中的所有页面写入到文件流中
outputPDF.write(outputStream)
#关闭文件流,数据保存到文件
outputStream.close()
Fun.MessageBox("合并完成")
```

▶▶ 5.2.3 PDF 文件的拆分处理

在 Page2 界面上双击"浏览"按钮,进入响应函数,并在代码起始处用鼠标右键单击,在弹出菜单里单击"系统函数"下的"调用打开文件框",对生成的代码稍做修改,使文件扩展名由 py 改为 pdf,即可弹出打开 PDF 文件的对话框。

```
#Button '浏览' s Event:Command
def Button_11_onCommand(uiName,widgetName):
    openPath =Fun.OpenFile(title='Open PDF File',filetypes=[('PDF File','*.pdf'),('All
files','*')],
initDir=os.path.abspath('.'))
    #将路径设置到文件输入框中显示
    Fun.SetText(uiName,'Entry_3',openPath)
    #创建 PDF 文件对象,记得在代码顶部加上导入 PyPDF2 的 PdfReader, PdfWriter 模块代码
    inputPDF = PdfReader(open(openPath,"rb"))
```

```
#获取最大页数
pageCount = len(inputPDF.pages)
#在 Label 上进行显示
Fun.SetText(uiName,'Label_4',str("总页数:%d"%(pageCount)))
```

之后以同样的方法，为"导出文件夹"按钮的响应函数增加一段打开文件夹的代码。

```
#Button '导出文件夹' s Event:Command
def Button_12_onCommand(uiName,widgetName):
    openPath = tkinter.filedialog.askdirectory(initialdir=os.path.abspath('.'),title='打
开文件夹查找')
    #将文件夹的路径设置到 Entry_13 中
    Fun.SetText(uiName,'Entry_13',openPath)
```

最后是对"开始拆分"按钮的处理。

```
#Button '开始拆分' s Event:Command
def Button_8_onCommand(uiName,widgetName):
    #先取得 PDF 文件的路径
    PDFFilePath = Fun.GetText(uiName,'Entry_3')
    #取得拆分文本
    SplitText = Fun.GetText(uiName,'Entry_7')
    #去掉两边的空白
    SplitText = SplitText.strip()
    #用逗号作为分隔符将文本拆分成列表
    SplitArray = SplitText.split(',')
    #取得拆分段的数量
    SplitCount = len(SplitArray)
    #拆分段的索引
    SplitIndex = 0
    #拆分段的起始页索引
    SplitPageBeginIndex = 0
    #从 Entry_13'取得导出文件夹的路径
    ExportPath  = Fun.GetText(uiName,'Entry_13')
    #从 PDF 文件中创建 PDF 文件对象
    inputPDF = PdfReader(open(PDFFilePath,"rb"))
    #取得页面数量
    pageCount = len(inputPDF.pages)
    #如果最后一个分隔段的页号不等于实际文件的最后一页,则自动加入最后页号
    if int(SplitArray[-1]) != pageCount-1:
        SplitArray.append(str(pageCount-1))
    #遍历每一个分隔段,各自生成 PDF 文件
    for rangeText in SplitArray:
        #取得当前分隔段的结尾页号,加 1 用于在循环 range 中包括当前结尾页
        CurrSplitEndIndex = int(rangeText)+1
        if CurrSplitEndIndex > pageCount:
            Fun.MessageBox("间隔设置大于数页数")
            return
        #生成一个写入 PDF 文件的对象
        output = PdfWriter()
        #遍历分隔段的每一页,加入到写入对象的页容器中
        for pageIndex in range(SplitPageBeginIndex,CurrSplitEndIndex):
```

```
        if pageIndex != inputPDF.pages:
            currPage = inputPDF.pages[pageIndex]
            output.add_page(currPage)
    #生成一个保存用的序号文件名
    newFileName = os.path.join(ExportPath,str("%d.pdf"%(SplitIndex+1)))
    #写入到文件中
    outputStream = open(newFileName, "wb")
    output.write(outputStream)
    outputStream.close()
    #将下次循环分隔段中的起始页号码,设为本次循环中的结束页的下一页
    SplitPageBeginIndex = CurrSplitEndIndex
    #序号+1
    SplitIndex = SplitIndex + 1

Fun.MessageBox("拆分完成")
```

5.3 实战练习：文档转换工具

在完成本章的案例后，相信大家已经可以使用 PyPDF2 来做一些 PDF 小工具，在本节的实战练习中来尝试开发一个文档转换工具，能够将 Office 中的 Word、PPT、Excel 格式文件转换为 PDF。这个实战小项目的功能细节不多，在界面设计上，希望大家能够去思考一下如何突出 Office 各个文件格式的按钮。比如通过在按钮上加入图标让用户能够一眼就找到想要打开的文档，下面给出参考界面（见图 5-20）。

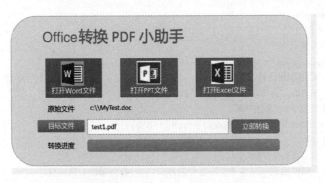

● 图 5-20　文档转换工具界面设计图

将 Office 中的 Word、PPT、Excel 格式文件转换为 PDF，需要用到 Python 中的 comtypes 模块，顾名思义，这是一个支持常见组件格式的模块，不过使用的前提是本机安装了相应的组件功能。

首先是安装 comtypes 模块：

```
pip install comtypes
```

创建 Word 应用程序对象：

```
wordApp = CreateObject("Word.Application", dynamic=True)
wordApp .Visible = False
try:
```

```
    PDFFormat = 17
    document = wordApp.Documents.Open(Word 文件路径)
    document.ExportAsFixedFormat(OutputFileName=导出 PDF 文件路径,
    ExportFormat=PDFFormat, # 17 是 PDF 格式输出
    OpenAfterExport=False, #是否导出完成后打开新文档
    OptimizeFor=0, #0 为打印质量(高) 1 为屏幕质量(低)
    CreateBookmarks=1, # 0 为没有书签 1 为只为每一个标题创建书签, 2 为 Word 文档中所有书签保留书签
    DocStructureTags=True)
    document.Close(False)
    print("导出成功")
except:
    print("导出失败")
wordApp.Quit()
```

创建 PPT 应用程序对象:

```
pptApp = CreateObject("Powerpoint.Application", dynamic=True)
pptApp.Visible = False
try:
    presentation = pptApp.Presentations.Open(PPT 文件路径)
    PDFFormat = 32
    presentation.SaveAs(导出 PDF 文件路径, PDFFormat)
    presentation.Close(False)
    print("导出成功")
except:
    print("导出失败")
pptApp.Quit()
```

创建 Excel 应用程序对象:

```
excelApp = CreateObject("Excel.Application", dynamic=True)
excelApp.Visible = False
try:
    PDFFormat = 0
    excelbook = excelApp.Workbooks.Open(Excel 文件路径)
    excelbook.ExportAsFixedFormat(OutputFileName=导出 PDF 文件路径,
    ExportFormat=PDFFormat,
    OpenAfterExport=0, #是否导出完成后打开新文档
    OptimizeFor=0, #0 为打印质量(高) 1 为屏幕质量(低)
    CreateBookmarks=1, # 0 为没有书签 1 为只为每一个标题创建书签, 2 为保留 Excel 中的所有书签
    DocStructureTags=True)
    excelbook.Close(False)
    print("导出成功")
except:
    print("导出失败")
excelApp.Quit()
```

大家可以参考上面的代码来完成本次实战练习的项目, 并在这个过程中加入更多的参数设置和格式文件支持, 使这个小工具更加强大。

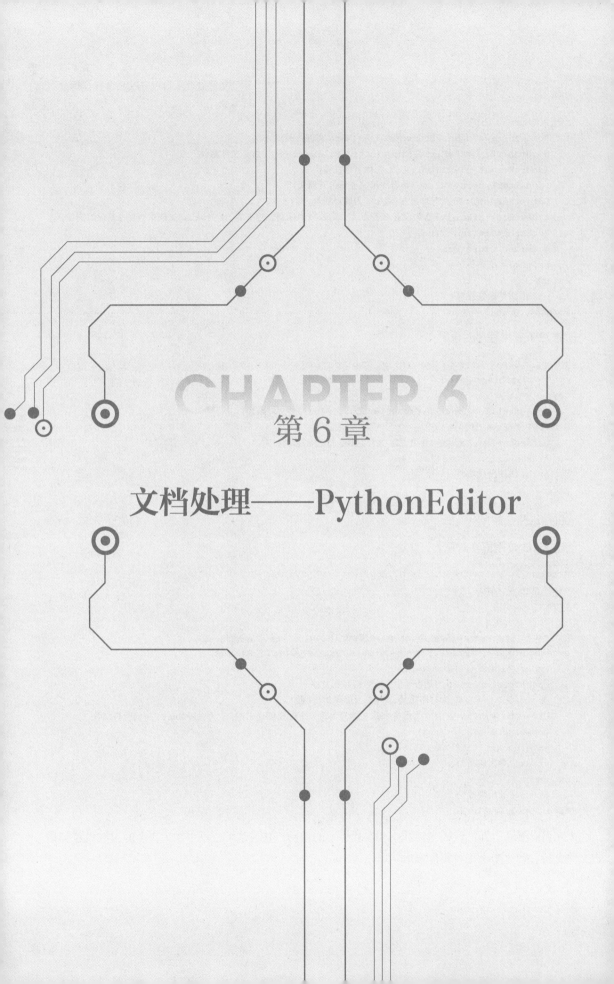

CHAPTER 6

第 6 章

文档处理——PythonEditor

对于 Python 编程初学者来说，一款好用的 Python 文本编辑器是非常重要的，但是它是如何设计和开发的呢？在这一章中将学习如何使用文本框控件开发一个简单的 Python 文本编辑器，并学会如何使用菜单来进行相关的设置处理。

6.1 单文档编辑软件的界面设计

在计算机上单文档编辑器有一个经典的例子就是"记事本"，虽然功能比较简单，但是它也把简洁发挥到了极致。有时候我们也会使用记事本进行一些代码编辑，但作为一个 PythonEditor（编辑器），除了编辑功能外，还需要能够运行所编写的 Python 代码并看到结果。本节来进行单文档PythonEditor的设计。

▶▶ 6.1.1 单文档 Python 编辑器的方案设计

Python 单文档代码编辑工具软件，有以下几个主要功能。

1）能够打开一个文件，并在文本框中进行编辑、保存。

2）能够运行代码框中的代码，并将输出显示在另一个输出文本框中。

3）能够进行字体和字号的设置。

4）通过菜单进行文件、编辑、运行和帮助几个菜单项的操作。

1. 单文档编辑器界面草图

在界面上使用菜单进行一些常规设置，并创建了 4 个快捷按钮进行文件的"新建""打开""保存"和"运行"，通过下拉列表框选择字体，并加入一个微调框控件来设置字号。在代码编辑区和输出显示区则使用两个文本框，最后的设计草图如图 6-1 所示。

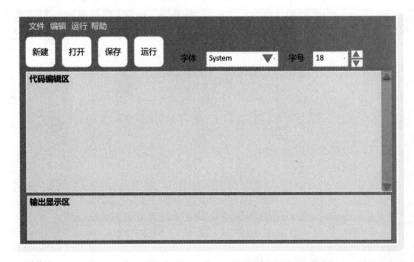

● 图 6-1　单文档 Python 编辑器的设计草图

2. 单文档编辑器的使用流程

单文档 PythonEditor 的运行流程比较简单，最主要的就是图 6-2 中的 4 步。

3. 单文档编辑器功能逻辑方案

按照上面的流程，对流程节点进行逻辑功能梳理如下。

1）创建或打开文件是编辑器文件操作的基本功能。创建文件主要是对文本框进行文本清空并标识当前为新文件，这里涉及一些要考虑的细节，比如是否保存当前正在编辑的文件，需要通过设置一个变量来标识当前正在操作的文件进行判断。而打开文件只需要调用打开文件对话框，选择从一个文件中进行逐行代码读取并插入文本框。

2）在文本框中进行编辑。不需要做处理，代码文本本身提供了基本的编辑功能。

3）获取文本框代码保存并执行，可以直接调用 Fun 库中的函数进行处理，获取的文本可以通过 Python 的 exec 函数来执行。

4）输出运行结果。想要获取运行结果，需要对 exec 函数执行时的输出流进行重定向，在接收到输出信息后，再插入运行结果的文本框内。

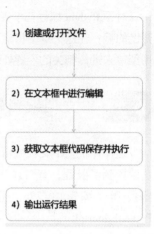

● 图 6-2　使用流程

▶▶ 6.1.2　制作单文档编辑器

基于前面的界面草图，下面来进行本例的界面设计，在这一节重点要学习文本框和菜单的编辑设置。

1. 项目创建与主窗体设置

启动 PyMe，在综合管理界面选择"空白"项目模板，输入 PythonEditor 作为项目名称，并根据界面草图拖动相应的控件创建出界面（见图 6-3）。

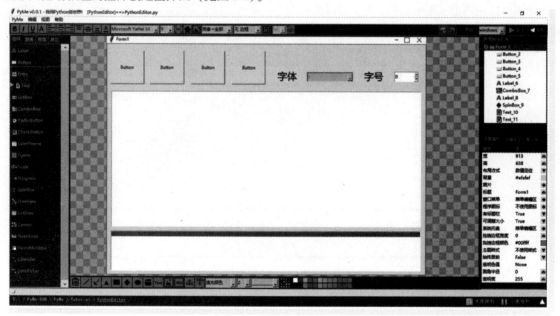

● 图 6-3　在 PyMe 中搭建出界面

由于 PyMe 内置了单文档 Python 编辑器的项目模版，因此在 Ico 文件夹下可以找到一些图标。我们为 4 个按钮设定相应的背景图片，使它看起来更加直观（见图 6-4），这样界面就搭建完成了。

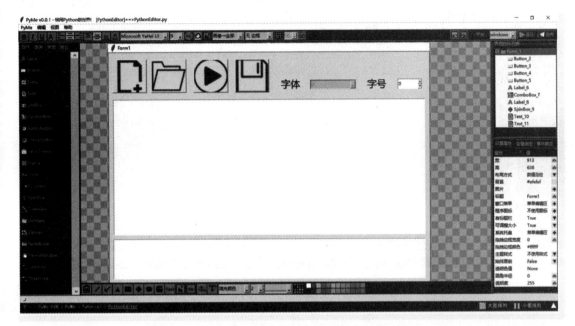

● 图 6-4　设定按钮使用 Ico 目录中的图片

2. 控件的使用与设置

在本例中使用了 3 种输入控件，分别是用于进行代码输入的文本框（Text），选择字体下拉列表（ComboBox）和字号调整的调节框（SpinBox），下面我们分别介绍一下文本框和调节框的属性与使用方法。

（1）文本处理：文本框（Text）控件

文本框控件比输入框（Entry）提供了更大的界面空间和文本编辑功能支持，一般主要用于编辑文字数量较多的文章或段落。在 PyMe 中对应工具条中的 ▨ Text 。

文本框控件的主要属性包括以下几种。

● 滚动条：分为横向和纵向两个方向，根据需要来设置使用即可（见图 6-5）。

● 标记设置：在文本框中可以设定一些标记样式用于区分文本框中的各种信息，比如在结果输出文本框中让错误的信息显示红色。想要达到这样的效果，需要先为文本框设定一个标记和对应的红色。之后在插入错误信息文本时，设定用对应的标记，就可以达到相应的效果。具体设置方法是在弹出的"标记设置"对话框（见图 6-6）中增加相应的标记和字体、文字颜色，这样就可以在代码中为插入的文字设定所用的标记了。

（2）微调设置：调节框（SpinBox）控件

调节框控件是一个用于在数值区间内进行数值选择的控件，它有一个显示数值的输入框和两个小调节按钮，在数值的设置上一般有两种表现形式：第一种是给个范围，调节时通过固定步长递进；另一种是按照自定义的数列依次递进。

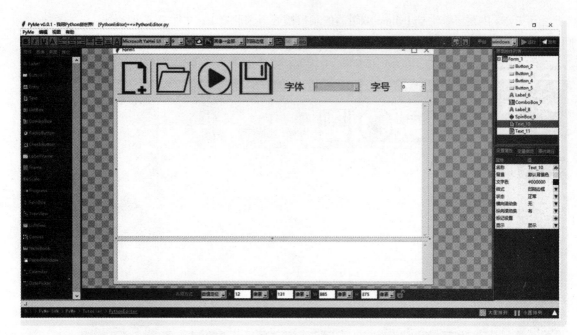

图 6-5 文本框使用纵向滚动条

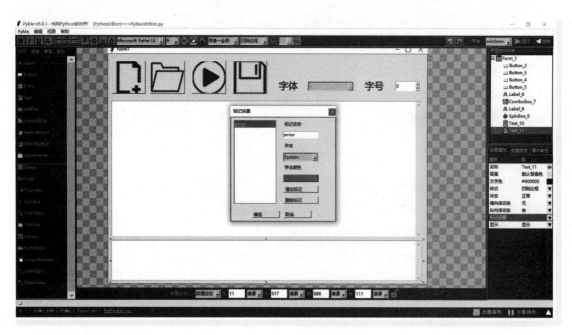

图 6-6 "标记设置"对话框

1）固定步长递进。在一个数值区间中通过调节按钮进行固定步长的递增或递减操作，比如起始值为 0，结束值为 10，步幅为 1（见图 6-7），则单击向上的微调按钮，递增 1，单击向下的微调按钮，递减 1。

这种形式对应的属性包括以下几种。

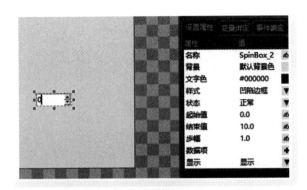

● 图 6-7 调节框的固定步长属性设置

- 起始值：数值区间的起始值。
- 结束值：数值区间的结束值。
- 步幅：每次单击调节按钮时，递增或递减的数值。

2）自定义数列。给出固定的数值列表，通过单击调节按钮切换当前输入框数值显示上一个或下一个数值项。比如设定数值列表为［A，B，C，D］，默认数值为 A（见图 6-8），则单击向上的微调按钮，依次切按为 B、C、D，如果在 D 处再单击向下的微调按钮，则依次还原为 C、B、A。

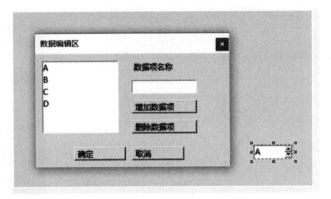

● 图 6-8 调节框的自定义数列设置

这种形式对应的属性为数据项。

- 数据项：如果要使用固定的数值列表形式，对应的具体数据项列表。

在本例中使用微调框来调整字号。

3. 菜单设置：菜单（Menu）

在桌面应用软件的开发中，菜单是一个常见的界面交互方式，菜单可以固定显示在应用软件界面的顶部（见图 6-9），也可以在需要的时候触发弹出菜单（见图 6-10）。下面来介绍一下如何在 PyMe 中创建和设置这两种菜单。

（1）顶部固定菜单

采用主菜单的交互形式，能够很好地将软件的功能设置进行明确的分类导航，帮助用户快速地找

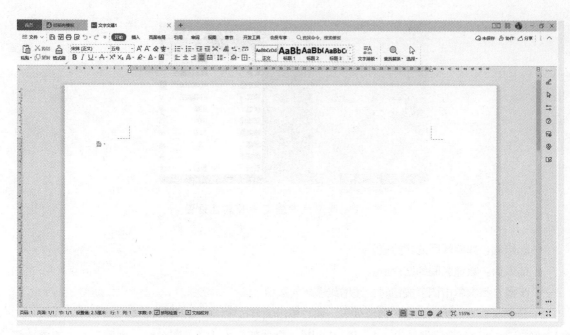

● 图 6-9　WPS 中的界面顶部菜单

到需要的功能或设置。在 PyMe 中想要为界面设置菜单，需要在
Form_1 控件的属性栏中单击"窗口菜单"选项，这时会弹出一个
"菜单编辑区"对话框（见图 6-11），我们将在这里进行菜单项创
建和编辑。

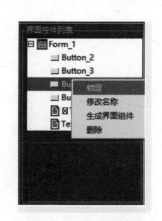

● 图 6-10　在界面控件列表上
右键单击时弹出菜单

　　菜单编辑区分为左、右两部分，左边是一个菜单项列表，用
于显示所有的菜单项，菜单项与子菜单项的关系以空格缩进进行
区分，菜单项里的内容也会在顶部实时显示出对应的菜单项。右
边的部分为菜单项的信息输入和操作按钮。我们在"输入文字"
的输入框里输入菜单项的文本名称，之后单击"增加顶层菜单项"
按钮可以创建一个顶层菜单项。在创建好顶层菜单项后，可以在
左边的列表框中选中它，并在右边输入文本名称，在"快键捷"
下拉列表里选择相应的菜单项快捷键，然后单击"增加子菜单项"
按钮，就可以为这个顶层菜单项增加一个子菜单项。

　　采用同样的方法，可以为任意的菜单项增加子菜单项。如果要增加的菜单项是一个可以反复点选
切换开关状态的复选项，则单击"增加复选菜单项"按钮即可。如果想要在菜单项中增加一个分隔
线，则单击"增加子分隔线"按钮。如果要删除对应的菜单项，同样在左边的列表框中选中对应的菜
单项，并在右边单击"删除选中菜单项"按钮即可。

　　按照上面的方法为本项目编辑出如图 6-12 所示菜单。

　　运行后可以看到当前界面顶部出现了一个与之对应的菜单（见图 6-13）。

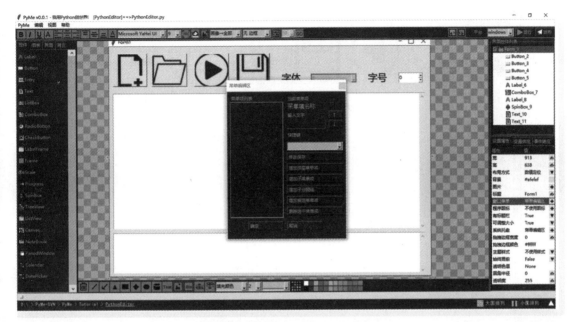

● 图 6-11　"菜单编辑区"对话框

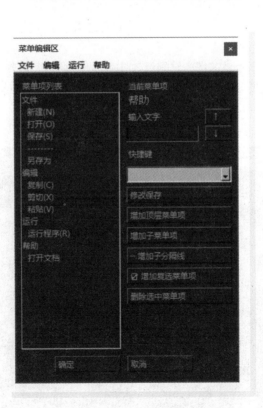

● 图 6-12　本项目中的顶部固定菜单

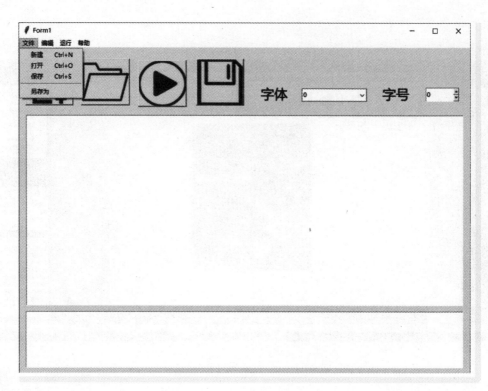

● 图 6-13　运行结果

在完成了菜单编辑后将在 cmd 文件中看到与之对应的响应函数，这些函数参数分别为当前界面类名称和当前菜单项名称，想要为相应的菜单项编写逻辑功能，只需要在相应的函数下编写代码即可（见图 6-14）。

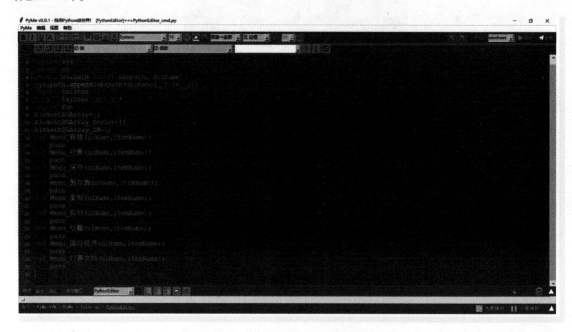

● 图 6-14　各菜单项对应的响应函数

（2）设置弹出菜单

设置弹出菜单，就是在相应的事件响应处理编辑对话框中，为事件函数设置弹出菜单。比如，希望在代码编辑区中用鼠标右键为选中的文字弹出菜单，帮助用户剪切、复制、粘贴代码，可以为文本框进行事件响应编辑，在左边事件列表框选中 Button-3 事件，然后单击"设置弹出菜单"按钮，在弹出的"菜单编辑区"对话框中增加"剪切""复制""粘贴" 3 个菜单项（见图 6-15）。

● 图 6-15　为文本框增加弹出菜单

确定后进入 cmd 文件，看到与之对应的代码函数：

```python
def Text_10_onButton3_Menu_剪切(uiName,itemName):
    pass
def Text_10_onButton3_Menu_复制(uiName,itemName):
    pass
def Text_10_onButton3_Menu_粘贴(uiName,itemName):
    pass
```

运行后在编辑框用鼠标右键单击，可以看到弹出的菜单显示在鼠标位置（见图 6-16）。

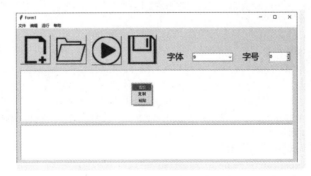

● 图 6-16　弹出菜单运行结果

与顶部固定菜单项一样，如果要为弹出菜单的菜单项编写逻辑功能，只需要在菜单项函数中增加功能代码即可。

6.2 单文档 PythonEditor 功能开发

在完成界面设计后，还需要为各个按钮和菜单项实现相应的逻辑功能，这里重点是理解新建文件、执行代码和显示结果的处理。

▶▶ 6.2.1 新建、打开与保存文件

本小节重点是对文件进行操作，比如打开或写入文件，这就涉及调用文件打开和保存对话框，以及读取和写入文件。在 Fun 函数库中，对这 4 条功能也提供了表 6-1 中的 4 个函数。

表 6-1　Fun 函数库中的文件读写函数

函 数 名 称	功 能 说 明	参 数 说 明
OpenFile	弹出打开文件对话框，让用户选择文件	title：对话框标题 filetypes：能识别的文件类型 initDir：初始目录
SaveFile	弹出保存文件对话框，让用户选择路径	title：对话框标题 filetypes：能识别的文件类型 initDir：初始目录
ReadFromFile	从一个文件中读取内容	filePath：文件路径
WriteToFile	向一个文件中写入内存	filePath：文件路径 content：写入内容

利用好这 4 个函数就可以完成本小节的文件操作。

新建一个文件就是将代码编辑框中的文本清空并设置一个新的文件名，但要注意的是，如果当前代码编辑框中的代码还未保存，应该在清空前提示是否保存当前文本框代码。

```
def Menu_新建(uiName,itemName)
    #先取得文本框中的内容
    content = Fun.GetText(uiName,'Text_10')
    #如果文本框不为空,先提示是否保存当前文件
    if len(content) > 0 and content !='\n':
        result =Fun.AskBox('提示','是否保存当前文件? ')
        #如果确认保存
        if result == True:
            #在 Fun 文件中有一个 UserVarDict 变量字典结构提供给开发者用于记录信息,在这里可以使用
Fun.G_UserVarDict['CurrentFile']记录当前文件路径,启动时 Fun.G_UserVarDict 为空,需要手动设置
            if 'CurrentFile' not in Fun.UserVarDict:
                #如果未找到键值'CurrentFile',弹出保存 Python 文件的对话框
savefile= Fun.SaveFile(title='Save Python File',filetypes=[('Python File','* .py'),
('All files','*')],initDir=os.path.abspath('.'))
                #判断保存路径是否有效
                if savefile!= None and len(savefile) > 0:
                    #拆分路径为文件夹和文件名,确认文件名有 Py 扩展名
```

```
            pathName, fileName = os.path.split(savefile)
            #如果输入没有加扩展名,这里加上正确的扩展名
            if fileName.find('.') == -1:
                    savefile = savefile+'.py'
            #调用 Fun 中的写入文件函数,将文本内容写入文件
            if False == Fun.WriteToFile(savefile,content):
                Fun.MessageBox('保存失败')
                return
            #记录文件路径到 Fun.G_UserVarDict['CurrentFile']中
Fun.G_UserVarDict['CurrentFile']  = savefile
        else:
            #如果有键值'CurrentFile',直接保存到 Fun.G_UserVarDict['CurrentFile']文件中
            if False == Fun.WriteToFile(Fun.G_UserVarDict['CurrentFile'],content):
                Fun.MessageBox('保存失败')
                return
    #清空文本框内容
Fun.SetText(uiName,'Text_10',")
```

完成新建文件后,下面编写打开文件的逻辑操作,这部分代码比较简单,弹出打开文件对话框,选择一个 Python 文件,并将其读入到文本框,记录当前文件名即可。

```
def Menu_打开(uiName,itemName):
    #弹出打开文件对话框,让用户选择文件
    openPath=Fun.OpenFile(title='Open Python File',filetypes=[('Python File','*.py'),
('All files','*')],initDir=os.path.abspath('.'),)
    #如果打开文件有效
    if openPath != None and len(openPath) > 0:
        #读取文件内容
        content = Fun.ReadFromFile(openPath)
        #记录文件路径到 Fun.G_UserVarDict['CurrentFile']中
        Fun.G_UserVarDict['CurrentFile'] = openPath
        #将文本内容显示到文本框
        Fun.SetText(uiName,'Text_10',content)
```

保存文件时,需要根据是否记录文件路径来决定是否进行另存。

```
def Menu_保存(uiName,itemName):
    #如果 G_CurrentFilePat 为空,弹出保存 Python 文件的对话框
    if 'CurrentFile' not in Fun.G_UserVarDict:
        Menu_另存为(uiName,itemName)
    else:
        #如果有键值'CurrentFile',直接保存到 Fun.G_UserVarDict['CurrentFile']文件中
        content = Fun.GetText(uiName,'Text_10')
        if True == Fun.WriteToFile(Fun.G_UserVarDict['CurrentFile'],content):
            Fun.MessageBox('保存成功')
        else:
            Fun.MessageBox('保存失败')
```

另存文件时就需要弹出保存文件选择对话框。

```
def Menu_另存为(uiName,itemName):
    savefile=Fun.SaveFile(title='Save Python File',filetypes=[('Python File','*.py'),
('All files',
```

```
        '*')],initDir=os.path.abspath('.'))
        #判断保存路径是否有效
        ifsavefile!= None and len(savefile) > 0:
            #拆分路径为文件夹和文件名,确认文件名有 Py 扩展名
            pathName, fileName = os.path.split(savefile)
            if fileName.find('.') == -1:
                savefile = savefile+'.py'
            #取得文本框中的文本内容
            content = Fun.GetText(uiName,'Text_10')
            #写入到文件中
            if True == Fun.WriteToFile(savefile,content):
                Fun.MessageBox('保存成功')
            else:
                Fun.MessageBox('保存失败')
            #记录文件路径到 Fun.G_UserVarDict['CurrentFile']中
Fun.G_UserVarDict['CurrentFile'] = savefile
```

▶▶ 6.2.2　剪切、复制与粘贴

前面讲解了如何在编辑框中通过弹出菜单的方式加入剪切、复制与粘贴菜单项，进入 cmd 文件来为相应的菜单项编写对应的代码实现。

对应的"剪切"菜单项函数。

```
def Text_10_onButton3_Menu_剪切(uiName,itemName):
    #在 Fun.G_UserVarDict 中定义一个'CutContent'值变量,保存取得文本框的选中内容
    Fun.G_UserVarDict['CutContent'] = Fun.GetSelectText(uiName,'Text_10')
    #删除文本框的选中内容
    Fun.DelSelectText(uiName,'Text_10')
```

对应的"复制"菜单项函数。

```
def Text_10_onButton3_Menu_复制(uiName,itemName):
    #在 Fun.G_UserVarDict 中定义一个'CutContent'值变量,保存取得文本框的选中内容
    Fun.G_UserVarDict['CutContent'] = Fun.GetSelectText(uiName,'Text_10')
```

对应的"粘贴"菜单项函数。

```
def Text_10_onButton3_Menu_粘贴(uiName,itemName):
    #如果 Fun.G_UserVarDict 中已经有'CutContent'键值,将对应内容取出插入到文本框的光标处
    if 'CutContent' in Fun.G_UserVarDict:
        Fun.AddLineText(uiName,'Text_10',Fun.G_UserVarDict['CutContent'],'insert')
```

▶▶ 6.2.3　字体和字号设置

在界面上设计了两个控件来调整代码编辑框中的字体和字号，分别是组合框 ComboBox_7 和微调控件 SpinBox_9，在软件启动后需要在组合框中罗列出所有的字体名称，用户通过在组合框中选择字体名称和单击微调控件按钮来为代码编辑框设置出想要的字体。

要实现相应功能，需要在界面初始化时进行相应的处理，比如设置组合框 ComboBox_7 罗列出所有的字体名称。而字号通过微调控件 SpinBox_9 进行设置，在这里将其属性"起始值"设为 1，结束

值设为 100，步幅设为 1（见图 6-17）。

• 图 6-17　字号调节框属性设置

下面在当前 Form_1 上用鼠标右键单击，选择"事件响应"命令，在弹出的事件响应处理编辑区中选择 Load 事件（见图 6-18），并单击"编辑函数代码"按钮。

• 图 6-18　为 Form_1 创建 Load 事件函数

注意：Form_1 的 Load 事件用于在当前 Form_1 上所有控件全部创建完成后调用，是提供给开发者对界面进行初始化处理的响应函数，在这个函数中罗列出所有的字体，并将列表值设置给字体组合框，设置字体默认使用 System，同时将微调控件的当前值设为一个合适的大小，比如 18。

```
def Form_1_onLoad(uiName):
    #取得当前安装的所有字体
    FontNameList =Fun.EnumFontName()
    #设置字体列表为组合框 ComboBox_7 的值列表
    Fun.SetValueList(uiName,'ComboBox_7',FontNameList)
    #设置当前默认字体名称为 System
    Fun.SetCurrentValue(uiName,'ComboBox_7','System')
    #设置当前默认字号为 18
    Fun.SetCurrentValue(uiName,'SpinBox_9',18)
    #设置代码文本框默认使用 18 号的 System 字体
  Fun.SetFont(uiName,'Text_10',fontName='System',fontSize=18,fontWeight='normal',
fontSlant='roman',fontUnderline=0,fontOverstrike=0)
    #设置输出文本框默认使用 18 号的 System 字体
    Fun.SetFont(uiName,'Text_11',fontName='System',fontSize=18,fontWeight='normal',
fontSlant='roman',fontUnderline=0,fontOverstrike=0)
```

为字体组合框 ComboBox_7 的选中列表项事件以及字号微调控件 SpinBox_9 的调节按钮触发事件编辑对应的函数，可以通过在 ComboBox_7 和 SpinBox_9 上用鼠标右键单击，在对应的事件响应函数中分别找到 ComboBoxSelected 和 Command 函数，单击 "编辑函数代码" 按钮创建相应的事件响应函数（见图 6-19、图 6-20）。

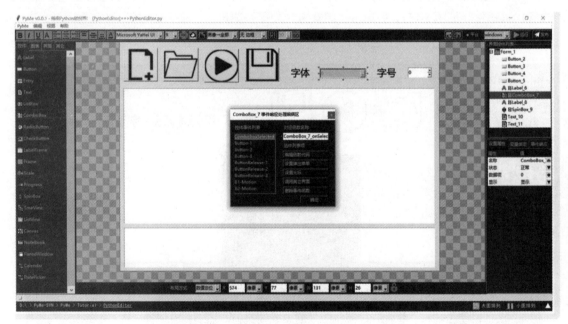

● 图 6-19　为字体切换绑定事件函数

小窍门：因为这两个事件都是事件列表中的第一事件，在 PyMe 中也可以通过双击控件直接快速进入对应的函数代码。

● 图 6-20　为字号切换绑定事件函数

在这两个函数中获取字体和字号的值，并调用 Fun. SetFont 对代码编辑框进行字体设置。

```python
def ComboBox_7_onSelect(event,uiName,widgetName):
    #获取字体组合框的选择值
    FontName = Fun.GetCurrentValue(uiName,'ComboBox_7')
    #获取字号值
    FontSize = Fun.GetCurrentValue(uiName,'SpinBox_9')
    #设置代码文本框使用相应的字体和字号
    Fun.SetFont(uiName,'Text_10',fontName=FontName,fontSize=int(FontSize),fontWeight=
'normal',fontSlant='roman',fontUnderline=0,fontOverstrike=0)
def SpinBox_9_onCommand(uiName,widgetName):
    #和 ComboBox_7_onSelect 一样的功能实现
    FontName = Fun.GetCurrentValue(uiName,'ComboBox_7')
    FontSize = Fun.GetCurrentValue(uiName,'SpinBox_9')
    Fun.SetFont(uiName,'Text_10',fontName=FontName,fontSize=int(FontSize),fontWeight=
'normal',fontSlant='roman',fontUnderline=0,fontOverstrike=0)
```

运行一下就可以看到在字体组合框和字号微调框中选择不同的字体和字号代码时，框中的字体变化效果（见图 6-21）。

● 图 6-21　运行结果

▶▶ 6.2.4　代码运行与输出

之前的工作是制作了一个简单的类似记事本的文本编辑器，但在进行 Python 代码的编写时，还需要让它支持代码的运行和结果输出。

要实现这个功能，需要在单击"运行"按钮时，获取代码文本框中的代码内容，并通过 Python 的内置函数 exec 来执行代码内容，并获取输出结果，设置为输出文本框的文本值。因为标准输出打印是显示在控件台窗口中的，所以如果要获取输出结果，这里要先定义一个包含 write 函数的用于重定向输出的类来接收输出结果，执行完代码后，再恢复为标准输出。

```python
#用于重定向的打印输出类
class  ResetPrintClass:
    #初始化函数,创建一个字符串变量来接收输出的文本
    def __init__(self):
        self.str = ""
    #写入函数,用于由系统调用将输出的文字传值给字符串变量
    def write(self,s):
        self.str += s
    #清空函数,需要时用于清空一下字符串变量结果
    def clear(self):
        self.str = ""
    #用户自定义的获取字符串变量结果函数
    def getString(self):
        return self.str
```

然后就可以在运行函数中进行处理。

```python
def Menu_运行(uiName,itemName):
    #首先获取代码文本框的代码内容
    TextContent = Fun.GetText(uiName,'Text_10')
    #如果代码内容有效
    if TextContent and len(TextContent) > 0:
        #创建出一个重定向的打印输出类
        outprint = ResetPrintClass()
        #保存当前的标准输出对象
        stdold = sys.stdout
        #设置当前的标准输出对象为 outprint
        sys.stdout = outprint
        #调用 exec 执行代码,这时候输出结果就传给了 outprint
        exec(TextContent)
        #恢复标准输出对象
        sys.stdout = stdold
        #将输出的字符串设置给输出文本框显示
        Fun.SetText(uiName,'Text_7',outprint.getString())
```

现在可以运行一下，在代码编辑框编写一段执行代码，就可以在打印输出框看到输出结果（见图 6-22）。

在编写代码的过程中经常会不小心出现一些格式或语句错误，如果写错了，exec 执行时就会出现中断，这时无法看到输出，也不知道错在哪里。所以，对错误进行捕获并将错误的信息输出显示是一个非常重要的编辑器功能，一般通过关键字 try 和 except 来对一段语句进行异常捕获和处理。

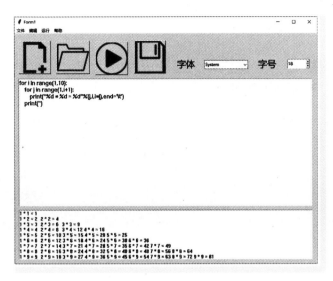

● 图 6-22 运行九九乘法表

```
def Menu_运行(uiName,itemName):
    #首先获取代码文本框的代码内容
    TextContent = Fun.GetText(uiName,'Text_10')
    #如果代码内容有效
    if TextContent and len(TextContent) > 0:
        #创建出一个重定向的打印输出类
        outprint = ResetPrintClass()
        #保存当前的标准输出对象
        stdold = sys.stdout
        #设置当前的标准输出对象为 outprint
        sys.stdout = outprint
        #用 try- except 来调用 exec 执行代码,如果执行正常,这时候输出结果就传给了 outprint,如果出现异
常,则可通过 except 进行异常处理
        try:
            exec(TextContent)
            #将输出的字符串设置给输出文本框显示
            Fun.SetText(uiName,'Text_11',outprint.getString())
        except Exception as e:
            #如果出现异常,将异常对象中的信息提取出来进行输出
            errorText=str('error:\n filename:%s\n lineNo:%d\n code:%s\n msg:%s\n'%(e.
filename,e.lineno,e.text,e.msg))
            Fun.SetText(uiName,'Text_11',errorText)
        #恢复标准输出对象
        sys.stdout = stdold
```

在代码框中输出一段错误的代码,再次运行后,可以在输出框看到相应的错误输出(见图6-23)。

在这里可以看到输出文本框的文本在结果输出和异常输出的字体和颜色是一样的,如果希望做一些区分,可以为输出文本框 Text_11 设置两个不同的标记类型,双击输出文本框属性栏中的"标记设置"选项,在弹出的"标记设置"对话框中加入两个标记 tag1 和 tag2,设置 tag1 用黑色,tag2 为红色,分别代表正常的输出结果和错误异常打印(见图6-24)。

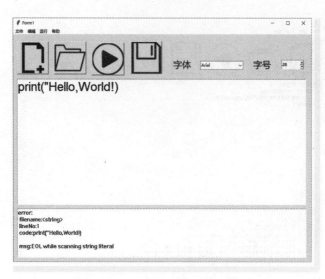

● 图 6-23　少加一个双引号，输出错误

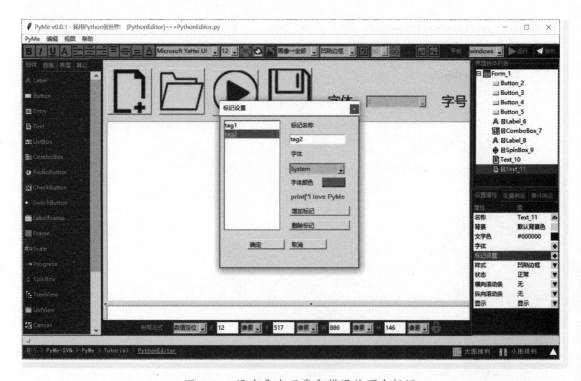

● 图 6-24　设定代表正常和错误的两个标记

在设置完相应的标记后，修改一下运行部分的代码，根据执行是否成功，应用不同的标记来插入输出结果。

```
def Menu_运行程序(uiName,itemName):
    #首先获取代码文本框的代码内容
    TextContent = Fun.GetText(uiName,'Text_10')
```

```
#因为后面使用插入文本的方式输出,所以这里先清空一下 Text_11 的文字内容
Fun.SetText(uiName,'Text_11','')
#如果代码内容有效
if TextContent and len(TextContent) > 0:
    #创建出一个重定向的打印输出类
    outprint = ResetPrintClass()
    #保存当前的标准输出对象
    stdold = sys.stdout
    #设置当前的标准输出对象为 outprint
    sys.stdout = outprint
    #调用 exec 执行代码,这时候输出结果就传给了 outprint
    try:
        exec(TextContent)
        #将输出的字符串设置给输出文本框显示
        outputText = outprint.getString()
        #这里使用 Fun.AddLineText 来插入文本,最后一个参数指定了要应用 tag1 标记
        Fun.AddLineText(uiName,'Text_11',outputText,"end",'tag1')
    except Exception as e:
        errorText = str('error: \n filename:%s \n lineNo:%d \n code:%s \n msg:%s \n'%
(e.filename,e.lineno,e.text,e.msg))
        Fun.SetText(uiName,'Text_11',"")
        #使用 Fun.AddLineText 来插入文本,最后一个参数指定了要应用 tag2 标记
        Fun.AddLineText(uiName,'Text_11',errorText,"end",'tag2')
    #恢复标准输出对象
    sys.stdout = stdold
```

运行后再次输入一段错误代码,执行后就可以看到红色的错误提示了(见图 6-25)。

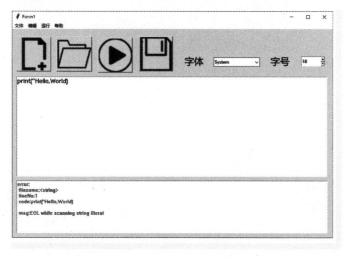

● 图 6-25　输出红色错误信息

6.3　实战练习:开发一个翻译软件

在完成了案例的学习后,本节实战练习将基于单文档的形式开发一个翻译软件,在这个翻译软件

中将实现对文本框中的内容进行汉语和其他语言的互相翻译。

在界面上设计两个组合框作为原始语言和目标语言的选择项，以方便后面再扩展其他的语言类型，两个文本框来分别作为输入和输出显示。通过"立即翻译"按钮调用相关的翻译处理，界面设计草图如图 6-26 所示。

● 图 6-26　翻译软件设计草图

要实现相应的翻译功能，需要开发者安装一些平台提供的 Python 模块或通过 HTTP 协议调取网络接口，大家可以自行查阅并完成，在这里不再赘述。

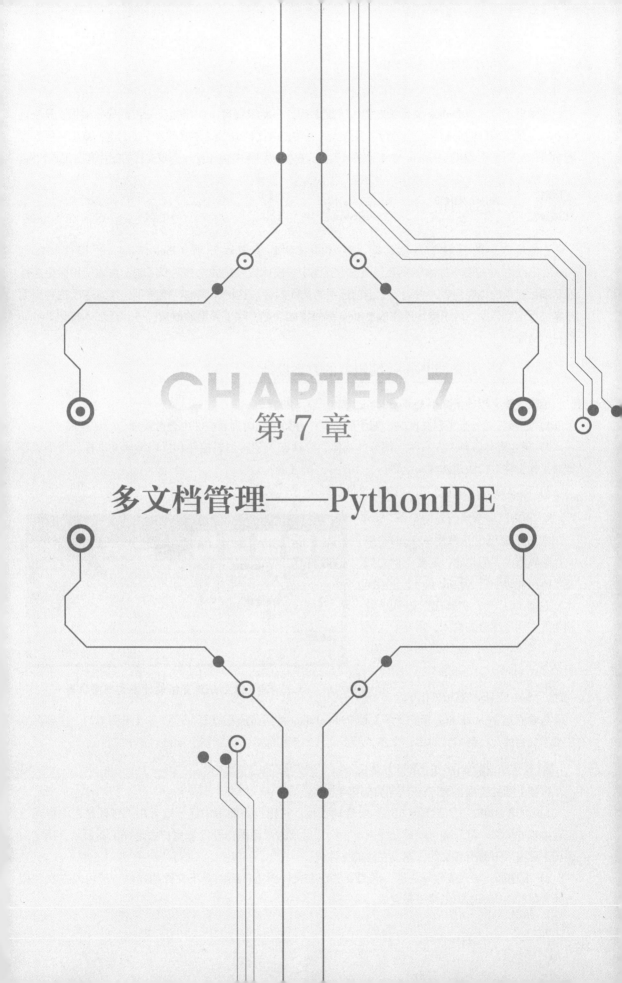

第 7 章

多文档管理——PythonIDE

在学会了单文档 Python 文本编辑器的开发之后，开发者将可以使用自己开发的代码编辑工具来进行 Python 的学习，但是如果工程包含了多个代码文件，单文档编辑就非常不方便了。这一章将带领开发者学习开发一个多文档的 Python 文本编辑器工具。在实战训练中将开发一个多文档的图片爬虫工具软件。

7.1 多文档编辑器的界面设计

在使用专业的开发工具软件时，经常能看到基于窗体分割（PanedWindow）控件和树型（TreeView）控件的多文件编辑界面，在这个界面中，窗体被分割成左右两个区域，左边使用树型控件展示项目目录的文件列表，右边显示当前选中的文件内容。这种方案被广泛采用，本章基于这种界面方案进行项目开发。为了更好地完成 Python 编辑器的功能，除了界面的改造以外，还加入打包 Python 项目的功能。

▶▶ 7.1.1 多文档 Python 编辑器的方案设计

相较于单文档，多文档 PythonEditor 增加了以下功能。

1）能够打开一个工程文件夹，遍历所有文件并显示到树列表控件中进行管理。

2）将主窗体分割为左右两个部分的窗体，分别嵌入了树列表控件和代码编辑文本框，用于更好地对工程文件进行快速访问和编辑。

3）可以将工程文件打包为可执行文件。

1. 多文档编辑器的界面草图

本例界面与上一章中的 Python 单文档编辑器的界面相比，主要不同之处在于将原代码编辑区改成了一个分割窗体，并增加了一个"打包"按钮，分割为左右两个部分的窗体，需要嵌入另外两个窗体文件，设计草图如图 7-1 所示。

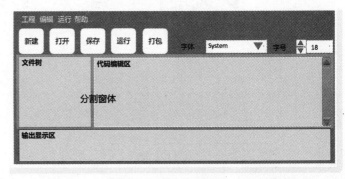

● 图 7-1 使用分割窗体设计多文档编辑器

2. 多文档编辑器的使用流程

与单文档 PythonEditor 相比，多文档 PythonEditor 的运行流程就复杂了许多（见图 7-2），主要区别在于单文档的运行都只针对单一文件，而多文件的流程需要考虑到整个项目的多个文件。

3. 多文档编辑器的功能逻辑方案

按照上面的流程，梳理一下具体的逻辑方案。

1）创建项目时，需要清空左边的文件树项目，这里也需要考虑让开发者用户选择是否保存当前正在编辑的项目。打开项目就需要弹出一个打开目录的对话框让开发者用户去选择工程目录，确定后遍历工程目录下的所有文件，建立左边的文件树。

2）要增加、导入或删除文件，因为文件都在文件树上，所以对于文件的操作一般可以在文件树上通过鼠标右键单击弹出菜单来完成。

3）鼠标单击左边的文件树，右边的编辑框应该立即显示出文件内容，这样才能方便地查看和编辑指定的文件。

4）保存项目时，因为同一时间只允许编辑一个文件，所以只需要保存一下当前正在编辑的文件就可以了。

5）运行并输出结果，与单文档 PythonEditor 并没有什么区别，运行项目的启动文件即可，但哪个才是启动文件呢？可以让开发者用户通过右键单击文件树，在弹出菜单指定文件设定为启动文件，也可以通过固定文件名称的约束来作为启动入口文件，比如 PyMe 中约定与项目文件夹同名的 Python 代码文件为启动入口文件，在本例也按照这种方式来设定启动入口文件。

6）打包项目直接调用 pyinstaller 来对项目启动文件进行打包可执行文件。

● 图 7-2　多文档编辑器的使用流程

▶▶ 7.1.2　制作多文档编辑器

有了界面草图，下面来进行本例的界面设计。在这一节重点学习窗体分割（PanedWindow）控件和树型（TreeView）控件。

1. 项目创建与主窗体设置

启动 PyMe，在综合管理界面选择"空白"项目模板，输入 MyIDE 作为项目名称。并根据界面草图拖动相应的控件创建出界面，按上一节的经验设置好菜单（见图 7-3）。

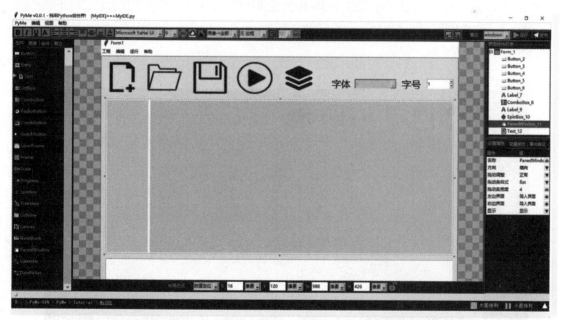

● 图 7-3　在 PyMe 中制作多文档编辑器界面

需要注意的是多文档编辑器的主界面分为左右两部分，这里使用分割窗体控件取代了单文档

PythonEditor的代码编辑框。下面来详细介绍相关控件的功能与使用方法。

2. 控件的使用和设置

（1）多窗体容器：分割窗体控件

分割窗体，顾名思义，主要的表现形式为一个空间分割为两部分（见图7-4）。分割的两部分空间或者分为左右，或者分为上下，主要用于嵌入两个独立的界面实例，所以它也是一种容器控件。

● 图 7-4　横向分割窗体

在前面的 PDF 文件工具项目中学习了 3 种容器控件：Frame、LabelFrame、NoteBook。从功能上看，Frame 和 LabelFrame 主要用于在控件中嵌入一个界面，PanedWindow 用于在一个控件中同时展现嵌入的多个界面，而 NoteBook 可以在一个控件中容纳多个界面，用户可以通过按钮切换的方式显示想看到的界面，但同一时间只能显示一个界面。

PanedWindow 看起来有点复杂，但在 PyMe 中使用非常简单，它可以设置的属性包括以下几种。

● 方向：有"横向"和"纵向"两种方向供选择，分别将控件占用的空间分割为左右或上下两部分（见图7-5）。

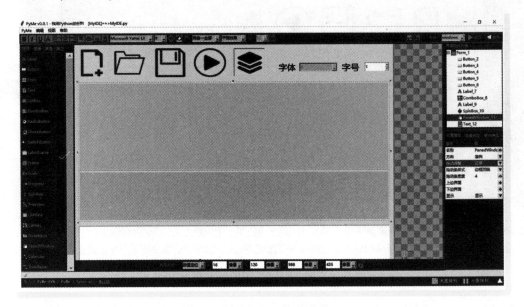

● 图 7-5　纵向分割窗体

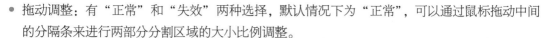

- 拖动调整：有"正常"和"失效"两种选择，默认情况下为"正常"，可以通过鼠标拖动中间的分隔条来进行两部分分割区域的大小比例调整。
- 拖动条样式：对拖动条进行样式的选择，数值与控件的样式类似。
- 拖动条宽度：拖动条的宽度，填写像素值即可。
- 左边/上边界面：分割窗体中位于左边或上边的嵌入界面，双击打开找到界面 Python 文件即可导入。
- 右边/下边界面：分割窗体中位于右边或下边的嵌入界面，双击打开找到界面 Python 文件即可导入。

在本例中将以嵌入的方式来完成左边和右边窗体中的界面，所以还需要新创建两个空窗体 LeftTree 和 RightText，并在 PanedWindow 的左边和右边界面属性栏导入两个文件进行嵌入。

完成两个窗体的创建后，双击窗体文件图标进入 LeftTree 窗体中，在这里放置一个树型控件，并将窗体的布局改为"打包排布"，设置放入的树型控件也使用"打包排布"，并将其填充设为"四周"，使控件填充整个窗体（见图 7-6）。

● 图 7-6 左边的文件树界面

进入 RightText 窗体中使用同样的方式放置一个用于代码显示和编辑的文本框，并使控件填充整个窗体（见图 7-7）。

两个窗体都创建好了，返回到 MyIDE 窗体，在 PanedWindow 控件的属性栏里为左边和右边界面分别指定这两个窗体文件，就完成了界面的设计。

（2）树型结构：树型（TreeView）控件

树型控件经常用来对具有分类或分层的数据集进行管理，比如文件夹下的资源列表展示、城市和相应区域的罗列、公司部门和业务内容的展示等（见图 7-8）。在 Python 内置的 tkinter 库中，树型控件被设计为一个形态可变的控件，包括了一个树型结构和一个二维表结构，初学者理解起来比较难。在 PyMe 中，这两个形态的控件被拆分为两个控件 TreeView 和 ListView，使用更加直观。这里主要学习

TreeView，在后面的数据库管理系统中再对 ListView 进行使用讲解。

• 图 7-7　右边编辑区界面

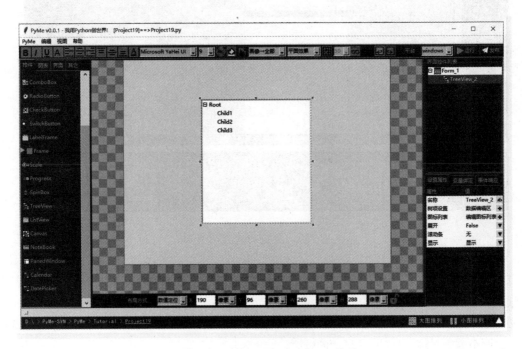

• 图 7-8　创建一个 TreeView 控件

创建一个空工程，并拖动创建一个 TreeView 控件，可以看到，PyMe 提供给开发者进行设置的属性主要包括以下几种。

- 树项设置：主要用于编辑树型结构中各个树结点项，编辑过程类似菜单编辑。如果在设计时就已经对 TreeView 控件有分层的数据项预设置，可以在这里进行编辑（见图 7-9）。不过大多数情况下主要使用函数动态插入数据的方式来填充 TreeView 控件里的内容。

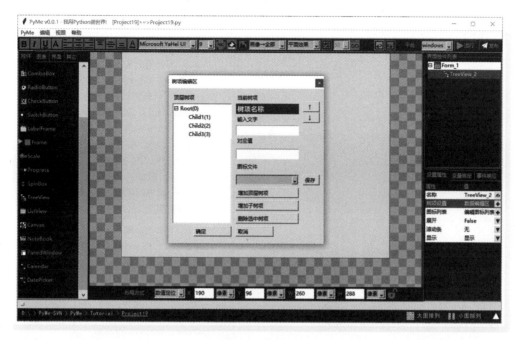

● 图 7-9　预编辑 TreeView 控件的树项

● 图标列表：如果想为 TreeView 控件的树结点项指定一个图标，就必须预先创建一个图标列表（见图 7-10），将所要使用的图标设置到列表中，设置完各个结点项所要用到的图标列表后，在上面的树项设置对话框中，"图标列表"组合框中将会列出这些图标作为预设置的树结点项指定图标。但在实际开发中一般主要使用函数动态插入数据的方式在参数中指定图标。

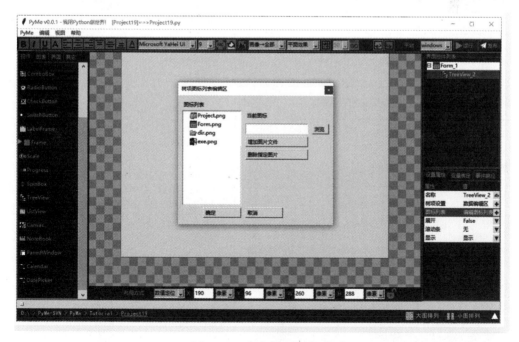

● 图 7-10　设定树项图标列表

在 Fun 函数库中有一些函数用来对 TreeView 控件进行编程，见表 7-1。

表 7-1　TreeView 控件操作相关函数

函 数 名 称	功 能 说 明	参 数 说 明
AddTreeItem	增加树项，返回对应的结点对象	uiName：界面类名称 elementName：TreeView 控件名称 parentItem：所属父结点名称 insertItemPositon：父结点下插入的位置，默认 end 为放在最后一个子结点 itemName：增加的树项名字，在树结点中保持唯一 itemText：增加的树项文字 itemValues：增加的树项值 iconName：增加的树项图标名称或图标文件 tag：增加的树项标记
SetTreeItemText	设置树结点项的文字	uiName：界面类名称 elementName：TreeView 控件名称 itemName：对应的结点对象 itemText：要设置的树项文字
SetTreeItemValues	设置树结点项的值	uiName：界面类名称 elementName：TreeView 控件名称 itemName：对应的结点对象 values：要设置的树项值
SetTreeItemIcon	设置树结点项的图标	uiName：界面类名称 elementName：TreeView 控件名称 itemName：对应的结点对象 iconName：要设置的树项图标名称或图标文件
ExpandTreeItem	展开或收缩一个树结点项	uiName：界面类名称 elementName：TreeView 控件名称 itemName：对应的结点对象 expand：展开为 True，收缩为 False
DelTreeItem	删除一个树结点项	uiName：界面类名称 elementName：TreeView 控件名称 itemName：对应的结点对象
DelAllTreeItem	删除所有树结点项	uiName：界面类名称 elementName：TreeView 控件名称
MoveTreeItem	移动一个树结点项	uiName：界面类名称 elementName：TreeView 控件名称 itemName：树结点项 parentItem：目标位置父结点名称 insertItemPositon：父结点下插入的位置，默认"end"为放在最后一个子结点
CheckClickedTreeItem	检测一个鼠标位置选中的树结点项	uiName：界面类名称 elementName：TreeView 控件名称 x：在 TreeView 控件中的 x 位置 y：在 TreeView 控件中的 y 位置
SelectTreeItem	设置选中指定的树结点项	uiName：界面类名称 elementName：TreeView 控件名称 Item：树结点项

通过这些函数可以动态地对 TreeView 控件的结点项进行增删和设置。

7.2 多文档编辑器的逻辑实现

在完成界面设计后,下面来实现相应的逻辑功能,这里重点是掌握文件树的创建和文件相关操作的处理。

▶▶ 7.2.1 文件遍历与文件树生成

与单文档 Python 编辑器不同,在多文档的编辑器中打开一个项目,并不是打开一个文件,而是打开一个文件夹,并且遍历文件夹下的所有文件资源构建项目的文件树。

为了文件树上的结点能更加直观地显示出文件类型,可以为树结点项设置相应的文件类型图标。首先进入 LeftTree 窗体,选中 TreeView_2,在属性栏里双击"图标列表"选项,会弹出图标列表编辑对话框(见图 7-11),用于为树型控件创建一个显示树结点项文件类型的图标列表。在这里增加一些图标,并输入相应的图标名称,这个图标名称要记住,在调用 AddTreeItem 函数增加树项时,作为图标名称参数。

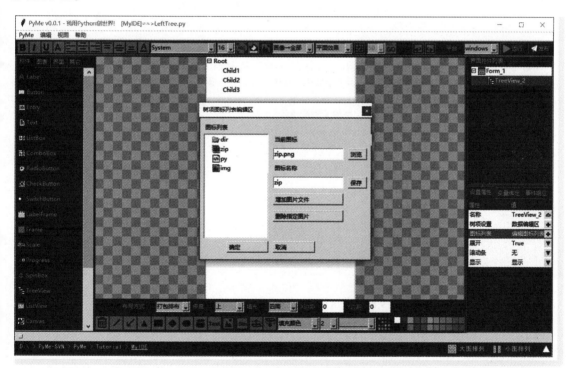

● 图 7-11　设定文件树项图标列表

回到 MyIDE 窗体(见图 7-12),双击"打开项目"图标,进入相应的代码函数。

这里设计一个递归函数来遍历生成树控件上的所有文件结点项。

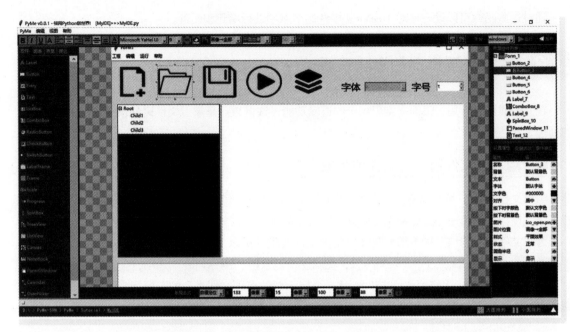

● 图 7-12　鼠标双击“打开项目”图标

```
#递归创建项目的文件树,每个结点项名称就是唯一的文件路径
def BuildProjectTree(TreeCtrl,parentPath,parentItem=''):
    #调用 os 模块下的 listdir 遍历文件夹下的所有文件
    for fileName in os.listdir(parentPath):
        #调用 os.path.join 组合出完整的文件路径名
        fullPath = os.path.join(parentPath,fileName)
        #如果当前系统显示的路径斜杠不一致,这里处理一下
        fullPath = fullPath.replace('\\','/')
        #如果 fullPath 是文件夹
        if os.path.isdir(fullPath):
            #调用 Fun 函数库下的 AddTreeItem 函数增加树结点,注意图标参数使用前面预设的名称为 dir 的图标。
            newTreeItem = Fun.AddTreeItem('LeftTree','TreeView_2',parentItem,'end',
fullPath,fileName,("1"),'dir',('dirs',))
            #递归调用当前函数对文件夹下的文件进行遍历
            BuildProjectTree(TreeCtrl,fullPath,newTreeItem)
        else:
            #如果 fullPath 是文件,拆分出文件扩展名
            fileName_no_ext, extension = os.path.splitext(fileName)
            #转化为小写用于做对比
            extension = extension.lower()
            if extension == ".png" or extension == ".jpg":
                #如果是图片文件,使用 img 图标增加结点
                Fun.AddTreeItem('LeftTree','TreeView_2',parentItem,'end',
fullPath,fileName,("2"),'img')
            elif extension == ".zip":
                #如果是 ZIP 文件,使用 zip 图标增加结点
                Fun.AddTreeItem('LeftTree','TreeView_2',parentItem,'end'
```

```
,fullPath,fileName,("2"),'zip')
        elif extension == ".py":
            #如果是 Python 文件,使用 py 图标增加结点
            Fun.AddTreeItem('LeftTree','TreeView_2',parentItem,'end',
fullPath,fileName,("2"),'py')
        else:
            #如果是其他文件,不使用图标增加结点
            Fun.AddTreeItem('LeftTree','TreeView_2',parentItem,'end',
fullPath,fileName,("2"))
```

有了上面的递归函数,在打开项目的函数中加入以下代码对选择的项目文件夹进行递归函数调用。

```
def Button_3_onCommand(uiName,widgetName):
    #调用一个选择文件夹的对话框
    ProjPath = Fun.SelectDirectory(title='选择项目文件夹',initDir = os.path.abspath('.'))
    #使用 Fun 库下的 GetElement 函数获取树控件
    TreeView_2 = Fun.GetElement('LeftTree','TreeView_2')
    if TreeView_2:
        #如果能找到树控件,清空树结点并调用递归函数重新创建
        Fun.DelAllTreeItem('LeftTree','TreeView_2')
        BuildProjectTree(TreeView_2,ProjPath)
        #记录文件路径到 Fun.G_UserVarDict['CurrentPath']中
        Fun.G_UserVarDict['CurrentPath'] = ProjPath
```

运行后,单击打开项目的按钮打开当前项目文件夹,即可看到生成的文件树(见图7-13)。

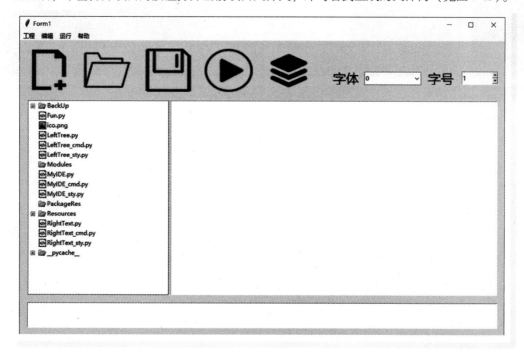

● 图 7-13 运行结果

▶▶ 7.2.2 文件的打开与显示

有了文件树之后，下面要将左边的文件树与右边的代码编辑框对应起来。表现为在单击左边的 Python 文件时，要能够方便地在右边打开相应的文件进行编辑，所以需要在树控件项被单击时，调用打开文件与显示的处理。

进入 LeftTree 窗体，选中 TreeView_2，右键单击，在弹出菜单里调出事件响应编辑对话框，为 Button-1 事件编辑函数代码（见图 7-14）。

● 图 7-14 为 TreeView 增加鼠标单击事件函数

在相应函数中加入以下代码。

```
def TreeView_2_onButton1(event,uiName,widgetName):
    #取得当前的树控件
    TreeCtrl = Fun.GetElement(uiName,widgetName)
    #通过 Fun.CheckClickedTreeItem 判断单击位置是否单击到树结点项
    ClickedItem = Fun.CheckClickedTreeItem(uiName,widgetName,event.x,event.y)
    #判断返回的结点项是否有效
    if ClickedItem and ClickedItem != "":
        #保存当前结点项,用于后面在需要时获取当前文件
        Fun.G_UserVarDict['CurrentItem'] = ClickedItem
        #如果有效,先清空右边代码编辑框中的内容
        Fun.SetText('RightText','Text_2','')
        #因为结点项是文件路径,这里判断结点项是文件而不是文件夹
        if os.path.isdir(ClickedItem) == False:
            #将结点项转换为小写进行文件类型判断
```

```
filename_lower = str(ClickedItem).lower()
if filename_lower.find(".png") >= 0 or filename_lower.find(".jpg") >= 0:
    #如果是图片,直接调用 Fun.SetImage 设置 Text 中显示图片
    Fun.SetImage("RightText","Text_2",ClickedItem)
elif filename_lower.find(".py") >= 0 or filename_lower.find(".txt") >= 0:
    #如果是文件,就直接读取到字符串 content 中
    content = Fun.ReadFromFile(filename_lower)
    #将 content 设置为代码编辑框中的内容
    Fun.SetText('RightText','Text_2',content)
```

运行一下,在单击了左边的文件后可以在右边的编辑框中看到文件的代码或图片(见图 7-15、图 7-16)。

● 图 7-15 左边树项选中 Python 文件,右边显示文件代码

▶▶ 7.2.3 文件的新建、导入与删除

有了文件树来查看和编辑文件,还需要新建、导入和删除文件,才能更好地对项目中的文件进行管理。可以在这里为左边的树控件设计一个弹出菜单,方便用鼠标右键单击树结点项,在弹出菜单项中提供"新建文件""导入文件"和"删除文件"的菜单项。

进入 LeftTree 窗体,在树控件上用鼠标右键单击,在弹出的"事件响应处理编辑区"对话框中选

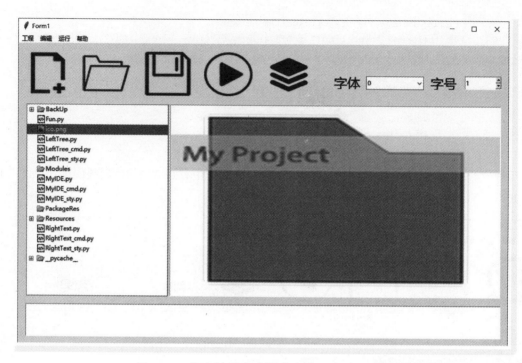

● 图 7-16 左边树项选中图片文件，右边显示图片

择 Button-3 事件，并单击"设置弹出菜单"按钮，这时会弹出"菜单编辑区"对话框，增加相应的菜单项，确定后可进入相应的函数代码（见图 7-17）。

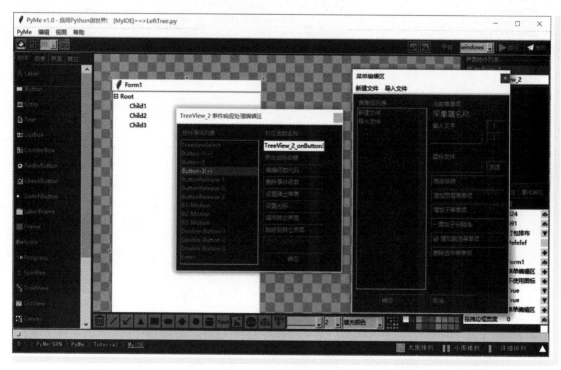

● 图 7-17 为 TreeView 的 Button-3 事件调用菜单

默认情况下，用鼠标右键单击树型控件时会弹出菜单，如果需要为相应的结点项增加子结点，或者对指定的结点项进行删除，则需要先调用 **Fun.CheckClickedTreeItem** 来获取鼠标单击的结点项，然后再做判断和处理。

```python
def TreeView_2_onButton3(event,uiName,widgetName):
    #先取得树控件
    TreeView = Fun.GetElement(uiName,widgetName)
    #调用 Fun.CheckClickedTreeItem 来获取鼠标单击的结点项
    ClickedItem = Fun.CheckClickedTreeItem(uiName,widgetName,event.x,event.y)
    if ClickedItem and ClickedItem != "":
        #在这里可以设置为选中
        Fun.SelectTreeItem(ClickedItem)
        #保存一下当前结点项,用于后面在需要时获取当前文件
        Fun.G_UserVarDict['CurrentItem'] = ClickedItem
        #如果结点项有效,调用弹出菜单
        PopupMenu=tkinter.Menu(TreeView,tearoff=False)
        #增加 3 个菜单项,注意这里将相应函数的最后一个参数修改为单击的结点项,方便在相应的函数里获取
        PopupMenu.add_command(label="新建文件",command=
lambda:TreeView_2_onButton3_Menu_新建文件(uiName,ClickedItem))
        PopupMenu.add_command(label="导入文件",command=
lambda:TreeView_2_onButton3_Menu_导入文件(uiName,ClickedItem))
        PopupMenu.add_command(label="删除文件",command=
lambda:TreeView_2_onButton3_Menu_删除文件(uiName,ClickedItem))
        PopupMenu.post(event.x_root,event.y_root)
    else:
        #如果没有点中的结点项,调用弹出菜单新建文件
        PopupMenu=tkinter.Menu(TreeView,tearoff=False)
        PopupMenu.add_command(label="新建文件",command=
lambda:TreeView_2_onButton3_Menu_新建文件(uiName,''))
        PopupMenu.add_command(label="导入文件",command=
lambda:TreeView_2_onButton3_Menu_导入文件(uiName,''))
        PopupMenu.post(event.x_root,event.y_root)
```

下面在"新建文件""导入文件"和"删除文件"的菜单项响应函数中增加相应的处理逻辑，在"新建文件"菜单项单击后，弹出一个文件名输入对话框，确定后将其加入树控件中。

```python
def TreeView_2_onButton3_Menu_新建文件(uiName,itemName):
    #调用 Fun.InputBox 弹出一个名称输入框
    FileName = Fun.InputBox(title='创建新文件',text='')
    if FileName and len(FileName) > 0:
        #为名称加上扩展名作为文件名
        if FileName.find(".") < 0:
            FileName = FileName + ".py"
        #从前面打开工程时保存的变量中取得工程所在文件夹的路径
        ProjPath = Fun.G_UserVarDict['CurrentPath']
        #路径与文件名拼合出完整的新文件路径名
        FilePath = os.path.join(ProjPath,FileName)
        #调用 Fun.WriteToFile 创建一个空文件
        Fun.WriteToFile(FilePath,"")
        #将文件加入到新的树结点项
```

```
        Fun.AddTreeItem(uiName,'TreeView_2',parentItem=itemName,insertItemPosition
='end',itemName=FilePath,itemText=FileName,itemValues=("2"),iconName='py',tag='')
```

在"导入文件"菜单项单击后，弹出打开文件对话框，将文件导入文件树增加结点项。

```
def TreeView_2_onButton3_Menu_导入文件(uiName,itemName):
    #调用 Fun.OpenFile 弹出打开文件对话框,选择要导入的 Python 文件
    SrcFilePath = Fun.OpenFile(title="Open Python File",filetypes=[('Python File','*.py'),
('All files','*')],initDir = os.path.abspath('.'))
    #将文件路径拆分为文件夹路径和文件名
    PathName,FileName = os.path.split(SrcFilePath)
    #从前面打开工程时保存的变量中取得工程所在文件夹的路径
    ProjPath = Fun.G_UserVarDict['CurrentPath']
    #拼合出导入后要放在项目文件夹下的路径名
    NewFilePath = os.path.join(ProjPath,FileName)
    #将源文件复制一份到新的路径名
    shutil.copyfile(SrcFilePath, NewFilePath)
    #为新的文件在文件树下增加相应结点项
    Fun.AddTreeItem(uiName,'TreeView_2',parentItem=itemName,insertItemPosition='end',
itemName=NewFilePath,itemText=FileName,itemValues=("2"),iconName='py',tag='')
```

单击"删除文件"菜单项后，弹出对话框，进行确认，确认后删除结点项。

```
def TreeView_2_onButton3_Menu_删除文件(uiName,itemName):
    #取得在右键弹出菜单时保存的当前结点项变量
    ClickedItem = Fun.G_UserVarDict['CurrentItem']
    if ClickedItem and ClickedItem != "":
        #弹出删除确认对话框
        if Fun.AskBox(title='提示',text='确定删除文件? ') == True:
            #删除结点项
            Fun.DelTreeItem(uiName,'TreeView_2',ClickedItem)
```

在处理完相应的文件操作菜单项后，可按照上一章案例的逻辑代码继续完善本例的剪切、复制、粘贴和字体设置等逻辑代码，使编辑器的编辑功能完善。

▶▶ 7.2.4 工程文件的运行和打包

一个好的 Python 编辑器除了对项目代码进行管理和编辑之外，还需要能够支持项目的运行和打包，这样才能更好地帮助开发者进行项目开发。在上一章案例里实现了对单文件运行逻辑处理，在本例中的多文档编辑器中，因为项目文件夹存在多个 Python 文件，所以首先需要指定项目的启动入口文件才能正确地运行和打包，在这里约定与项目文件夹同名的 Python 代码文件为启动入口文件。

与之前的单文档编辑器不同，在多文档的项目运行时，并不能只读取一个文件的内容然后调用 exec 执行，因为涉及更多的文件，所以在这里要用 Python 执行文件的方式来进行运行。

```
def Button_5_onCommand(uiName,widgetName):
    #先保存一下当前正在编辑的文件
    if 'CurrentItem' in Fun.G_UserVarDict:
        #获取当前正在编辑的文件名
        CurrFilePath = Fun.G_UserVarDict['CurrentItem']
        #获取代码文本框的代码内容
```

```
        TextContent = Fun.GetText(uiName,'Text_10')
    #写入到文件中
        Fun.WriteToFile(CurrFilePath,TextContent)
#这里获取项目的路径
if 'CurrentPath' in Fun.G_UserVarDict:
    #拆分一下路径,取得项目名称
    PathName,ProjName = os.path.split(Fun.G_UserVarDict['CurrentPath'])
    #拼接出以当前项目文件夹命名的启动入口文件
    ProjPythonFile = os.path.join(Fun.G_UserVarDict['CurrentPath'],ProjName+".py")
    #如果当前系统显示的路径斜杠不一致,这里处理一下
    ProjPythonFile = ProjPythonFile.replace('\\','/')
    #检查启动入口文件是否存在
    if os.path.exists(ProjPythonFile) == True:
        #获取输出文本框控件
        OutputText = Fun.GetElement(uiName,'Text_12')
        #编写要调用 Python 文件的命令
        cmdText = r'cd '+Fun.G_UserVarDict['CurrentPath'] + r' &&python -u '+ProjName+
".py"
        #为了防止运行和打印结果时卡住界面,在这里执行一个线程运行 Python 文件及打印输出
        run_thread = threading.Thread(target=run_thread_function, args=[cmdText,
OutputText])
        #启动线程
        run_thread.start()
```

在代码顶部加入相应的线程函数,注意记得导入线程和进程模块。

```
#导入线程模块,用于启动线程
import threading
#导入进程模块,subprocess 允许启动一个线程,并连接它们的输入/输出/错误管道,获取返回信息
import subprocess
def run_thread_function(cmdText,outputText):
    #调用 subprocess 模块的 Popen 函数来执行命令,并设定输出
    process = subprocess.Popen(cmdText, shell=True, bufsize=0, stdout=subprocess.PIPE,
stderr=
subprocess.STDOUT,stdin=subprocess.PIPE,encoding='utf-8')
    #先清空一下输出文本框
    outputText.delete('0.0',tkinter.END)
    #读取一下输出结果字符串
    outputString = process.stdout.readline()
    #循环打印输出结果字符串
    while outputString:
        outputText.insert(tkinter.END,outputString)
        outputString = process.stdout.readline()
    process.stdout.close()
```

这样就可以在输出文本框中看到运行时的输出结果或者错误说明了(见图 7-18)。

下面来完成最后的打包处理,这里使用 Pyinstaller 来对 Python 源文件进行打包。要使用 Pyinstaller 对 Python 文件进行打包,需要先安装 Pyinstaller 模块,之后执行相应的打包命令,具体的方法在第 1 章里有详细介绍。注意在 Pyinstaller 打包过程中会在项目文件夹下创建两个文件夹 build 和 dist,其中 build 存放打包过程中产生的中间文件,dist 存放打包的最终可执行文件。所以每次打包前先清理一下,

删除这两个文件夹。

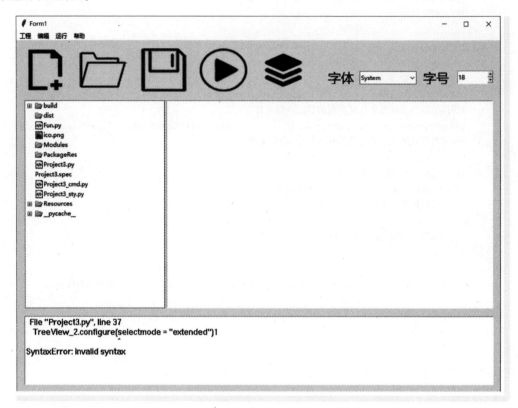

● 图 7-18   在输出文本框中输出运行错误

单击"打包"按钮的函数代码如下：

```
def Button_6_onCommand(uiName,widgetName):
    #先获取一下当前项目的文件夹路径
    if 'CurrentPath' in Fun.G_UserVarDict:
        #拆分一下路径,取得项目名称
        PathName,ProjName = os.path.split(Fun.G_UserVarDict['CurrentPath'])
        #拼接出以当前项目文件夹命名的启动入口文件
        ProjPythonFile = os.path.join(Fun.G_UserVarDict['CurrentPath'],ProjName+".py")
        #如果当前系统显示的路径斜杠不一致,这里处理一下
        ProjPythonFile = ProjPythonFile.replace('\\','/')
        #检查启动入口文件是否存在
        if os.path.exists(ProjPythonFile) == True:
            #删除 build 文件夹
            buildPath = os.path.join(Fun.G_UserVarDict['CurrentPath'],"build")
            if os.path.exists(buildPath) == True:
                shutil.rmtree(buildPath)
            #删除 dist 文件夹
            distPath = os.path.join(Fun.G_UserVarDict['CurrentPath'],"dist")
            if os.path.exists(distPath) == True:
                shutil.rmtree(distPath)
            #获取输出文本框控件
```

```
OutputText = Fun.GetElement(uiName,'Text_12')
#编写调用 pyinstaller 对 Python 源文件进行打包的命令
cmdText = r'cd'+Fun:G_UserVarDict['CurrentPath'] + r'&&pyinstaller -w -c -F'+
ProjName+".py"
#为了防止卡住界面,在这里执行一个线程运行打包命令及打印输出
run_thread = threading.Thread(target=run_thread_function, args=[cmdText,
OutputText])
run_thread.start()
```

完成代码后,单击"打包"按钮,就可以在输出文本框看到调用 Pyinstaller 后的输出信息(见图 7-19),直至打包完成。

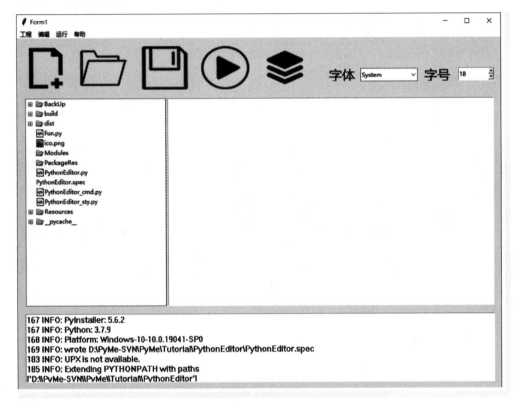

● 图 7-19　在输出文本框显示打包输出信息

因为打包等待时间较久,所以在打包完成后通过最终的输出信息判断结束并弹出一个提示打包完成的对话框,会让开发者及时地知道打包结果(见图 7-20)。

```
def run_thread_function(cmdText,outputText):
    #调用 subprocess 模块的 Popen 函数来执行命令,并设定输出
    process = subprocess.Popen(cmdText,shell=True, bufsize=0, stdout=subprocess.PIPE,
stderr=
subprocess.STDOUT,stdin=subprocess.PIPE,encoding='utf-8')
    #先清空一下输出文本框
    outputText.delete('0.0',tkinter.END)
    #读取一下输出结果字符串
```

```
outputString = process.stdout.readline()
#创建一个变量判断生成可执行文件的过程是否成功
BuildResult = 0
#循环打印输出结果字符串
while outputString:
    outputText.insert(tkinter.END,outputString)
    #如果字符串包含"completed successfully"信息,说明成功完成打包
    if outputString.find("completed successfully") > 0:
        BuildResult = 1
    #如果字符串包含"Error:"信息,说明打包失败
    if outputString.find("Error:") > 0:
        BuildResult = -1
    outputString = process.stdout.readline()
process.stdout.close()
#判断是否是pyinstaller打包命令,如果是,根据结果弹出对话框
if cmdText.find("pyinstaller ") > 0:
    if BuildResult == 1:
        Fun.MessageBox("打包成功")
    if BuildResult == -1:
        Fun.MessageBox("打包失败")
```

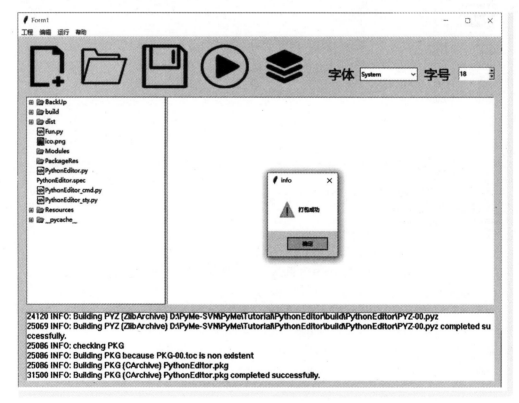

● 图 7-20　打包成功提示

到此就完成了本章多文档 PythonEditor 的开发。

7.3 实战练习：开发一个网络爬虫下载图片工具

本章的多文档项目案例着重于掌握窗体分割控件和树型控件，这两个控件在一些多文档的资源管理类软件中经常组合使用。在实战练习的部分，通过一个爬虫下载的小工具来帮读者巩固一下这两个控件的使用方法。

在界面的设计时，加入一个下载的信息设置区，提供输入网址和下载文件的数量两个部分的设置，大家可以自行扩展。通过单击"开始"按钮，启动线程处理下载网页上爬取的信息，找到对应的文件链接进行下载，并继续处理下一个网页。界面可以参考图 7-21。

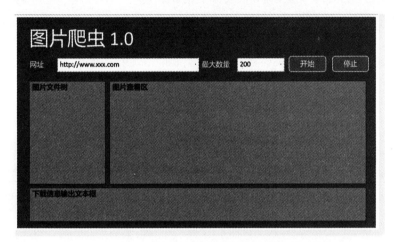

● 图 7-21　图片爬虫界面草图

本次实战案例主要的逻辑处理过程如下。

1）通过 urllib 模块的 Request 对象请求网页源代码。

2）通过 BeautifulSoup 解析器对源代码进行解析，获取相应的信息（页数、下一页，以及要下载的文件名）。

3）通过 urllib 模块的 urlretrieve 函数将文件下载到本地，并输出相关信息。

这里会涉及 BeautifulSoup 解析器的使用，在源代码的解析处理方面，BeautifulSoup 提供了很丰富的功能。要使用 BeautifulSoup，首先要通过 pip 进行安装。

```
pip install BeautifulSoup4
```

然后需要在需要的代码中导入 Beautifulsoup 模块。

```
from bs4 import Beautifulsoup
```

Beautifulsoup 解析器在创建时，通过指定解析内容参数和解析器类型，获取相应的解析器对象。

```
soup = beautifulsoup(解析内容,解析器)
```

常用解析器类型包括：html.parser、lxml、xml、html5lib。

有了解析器对象，通过它的 find 和 find_all 函数，可以查询到相应标记的源代码段的文本，在

HTML 中图片源代码一般为：< img src=" 图片所在网址" alt=" 图片文字说明" >，但因为每一个网站的源码设计不同，图片一般会被放置在不同的 div 标签中，所以需要首先对源代码进行分析，之后才能知道要获取哪些标记。

下面以一个典型的逻辑处理代码进行演示。

```
#首先创建 urllib 的 Request 对象
req = urllib.request.Request(url=targetUrl, headers=header)
#通过 Request 对象打开目标网页,取得返回的源代码
response = urllib.request.urlopen(req)
#对源代码进行编码转换,这里指定转为 gb2312
html = response.read().decode('gb2312', 'ignore')
#创建 BeautifulSoup 解析器,指定对 html 源码进行解析
soup = BeautifulSoup(html, 'html.parser')
#如果图片链接信息在 id 标记为 big-pic 的 div 代码段中,取得 div 代码段
div = soup.find('div', attrs={'id':'big-pic'})
#取得属性值标记 class 为 nowpage 的 span 代码段,取出当前页号的文本值
nowpage = soup.find('span', attrs={'class':'nowpage'}).get_text()
#取得属性值标记 class 为 totalpage 的 span 代码段,取出总页数的文本值
totalpage = soup.find('span', attrs={'class':'totalpage'}).get_text()
#在 div 代码段中取得图像的网页链接
imgSrc = (div.find('a').find('img')['src'])
#在 div 代码段中取得图像的文字说明
imgAlt = (div.find('a').find('img'))['alt']
```

取得 imgSrc 后，就可以直接通过 urllib.request.urlretrieve（imgSrc，savePath）把图片下载到本地 savePath 的路径了。

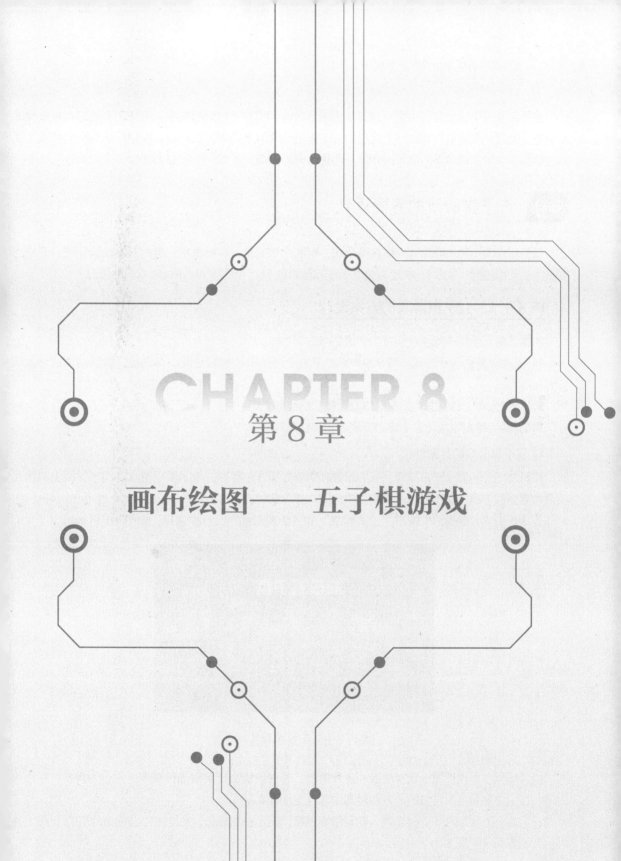

CHAPTER 8
第 8 章

画布绘图——五子棋游戏

在界面开发中，经常会用到一些简单的图形功能，相对于刻板的控件，采用图形的方式来展现界面会更加生动。本章节将通过一个完整的五子棋游戏来展现画布（Canvas）控件的所有绘图功能。读者在学会了本章节的内容后将可以开发一些更美观的界面，甚至一些休闲类小游戏。

8.1　五子棋游戏的界面设计

五子棋作为一种大众熟知的棋盘类游戏，玩法比较简单。在棋盘里，黑白双方轮流下子，谁先达到在格子上能够横、纵和斜 45 度达成五子连线就算胜利。下面来一步步梳理方案的设计。

▶▶ 8.1.1　五子棋游戏的方案设计

在本节的五子棋游戏项目开发中计划完成以下功能。

1）基本完整的游戏流程，从开始界面，单击"开始"按钮后进入战斗场景，游戏结束后进入结算界面。

2）通过画布上的绘图功能完成棋盘和棋子的绘制。

3）在战斗场景中进行五子棋的下棋逻辑和胜负判断。

1. 五子棋游戏的界面设计

按照功能说明设计开始界面、战斗场景和结算界面 3 个界面，为了展现游戏在图形界面上与前面工具类界面的不同，在这里找了一些简单的图片作为素材。

开始界面主要提供两个按钮"二人对战"和"人机对战"让玩家选择，如图 8-1 所示。

● 图 8-1　开始界面设计草图

战斗场景主要用于显示玩家对战的各种信息，并提供棋盘让玩家进行操作，左边为我方，右边为对手，在上方显示当前出棋的一方和时间信息（见图 8-2）。

一旦有一方玩家胜利，将会进入胜利结算界面，显示胜利信息，并提供"继续游戏"按钮用于回到开始界面（见图 8-3）。

2. 五子棋游戏的运行流程

游戏的流程比较简单，按照界面顺序可梳理出如图 8-4 所示流程。

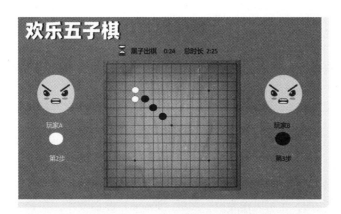

• 图 8-2　战斗场景设计草图

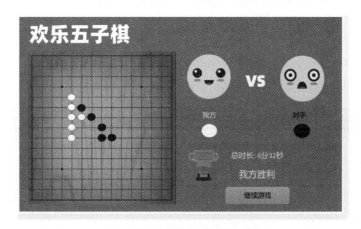

• 图 8-3　结算界面设计草图

3. 五子棋游戏的逻辑方案

整个流程中，最主要的是对步骤 3）和步骤 4）两部分的处理。

步骤 3）通过鼠标单击事件，计算单击位置在棋盘上对应的交叉点，并将当前操作玩家对应的棋子绘制在棋盘上。这部分涉及如何才能准确而灵活地定位。在 **PyMe** 中，可以通过设定一个位置点作为锚点来进行辅助计算处理。要进行胜负判断，可以对棋盘格建立数组记录每一个格子的棋子颜色，在下棋后对数组的数据进行判断，看是否达到连线条件，如果达到胜利条件，转到步骤 4），未达到条件就更换当前角色标识，重新计时并等待对手鼠标单击操作或 AI 计算下棋位置。

步骤 4）在结算界面里将重现棋盘，并显示胜负信息，这些只要基于战斗场景中棋盘格的数组数据和胜负结果信息进行显示即可。

• 图 8-4　游戏流程

▶▶ 8.1.2 制作五子棋游戏界面

启动 PyMe，在综合管理界面选择空白项目模板，输入 Gobang 作为项目名称。在进行界面的制作之前，首先来了解一下 PyMe 的画布（Canvas）和它的使用方法。

1. 画布控件入门

顾名思义，画布控件提供了一个可以进行图形绘制的区域，它拥有一些基本的图形绘制函数和与之对应的逻辑处理函数，可以帮助开发者在画布上进行绘图、写字和简单的变形，在很多涉及图文显示的程序中，都有用到画布。

画布不但可以进行绘图，也可以作为一个面板（Frame）容器使用，在 PyMe 中 Form_1 控件其实就是一个画布。PyMe 之所以使用画布控件来作为 Form_1 控件，而不使用面板控件，就是希望 Form_1 既能作为摆放各个子控件的容器，又能方便地作为一个绘图板来进行一些图文设计。但因为容器功能与面板控件重合，为了更加明确容器控件的使用，在 PyMe 中使用面板控件来作为嵌入控件的容器控件。

对于画布控件，PyMe 提供了一个控件工具条来进行绘图编辑，下面来介绍画布的工具条。

选中 Form_1，可以看到在界面编辑区域的底部出现一个长条形的工具栏（见图 8-5）。

● 图 8-5　画布工具条

在这个工具栏上有一系列按钮和组合框，从左到右分别为以下这些。

🗑：清空画布所有内容。

╱：绘制线条。

↙：绘制箭头。

▲：绘制三角形。

▬：绘制矩形。

▭：绘制圆角矩形。

◆：绘制菱形。

●：绘制圆形和椭圆形。

🛢：绘制圆柱体。

TEX：绘制文字。

🖼：绘制图片。

▦：绘制一个圆角按钮。

⬆：对当前图形向上移动一层。

⬇：对当前图形向下移动一层。

填充颜色：可以设置颜色的种类，提供了填充颜色和边框颜色两种类型。

：线条宽度。

：边框线的样式，可以指定实线和虚线。

：弹出颜色选择对话框，用于在指定的颜色种类中手动选择颜色。

：快速在指定的颜色种类中选择颜色。

开发者通过这个工具条可以在画布上绘制一些简单的图形，只需要先单击对应的图形按钮，然后在画布上用鼠标从起始点拖动到结束点，就可以绘制出对应的图形。图 8-6 展示了一个充满图形的画布。

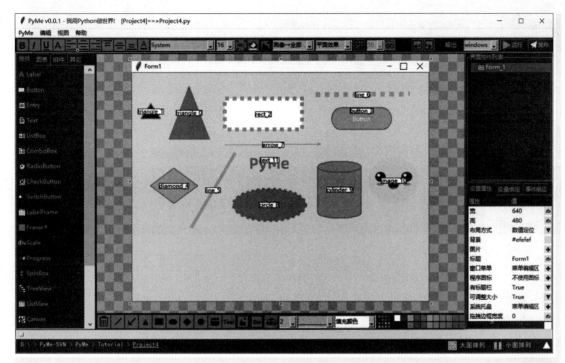

● 图 8-6　画布绘图展示

在创建出相应的图形后可以通过鼠标单击图形来选中图形，选中的图形可以和控件一样直接使用鼠标拖动来调整图形的位置，也可以通过拖动当前图形周围的包围框顶点来改变图形的大小。

使用鼠标右键单击图形，会弹出一个图形设置菜单，其中有以下菜单项。

● 设置位置与大小：弹出位置与大小的输入对话框，用于图形的绝对定位。

● 锁定/解锁图形：和控件一样，锁定的图形无法移动和改变大小，但可以避免不小心移动已经摆放的图形；锁定后的图形，需要再次右键单击名称框，才能通过弹出菜单进行解锁。

● 增加绑定点：为图形增加一个绑定点，绑定点是隶属于当前图形下的一个相对位置点，主要用于定位，可以在绑定点位置进行其他图形绘制。

● 删除绑定点：删除创建的绑定点。

● 设置鼠标事件：在 PyMe 中支持鼠标在图形上的事件处理，包括鼠标进入事件、鼠标离开事件、鼠标按下事件、鼠标松开事件、鼠标双击事件。同时还支持一些图形的响应处理，包括设置画布图形位置与大小、设置画布文字及颜色、更换图片文件、设置图形颜色、跳转到其他界面、嵌入界面删除图形、进入函数代码等。通过这些事件可以在图形上建立一些交互事件，比如鼠标单击了图形后，让它变成其他的颜色，或者单击一个图形后，让文字改变内容或更换图片（见图 8-7）。

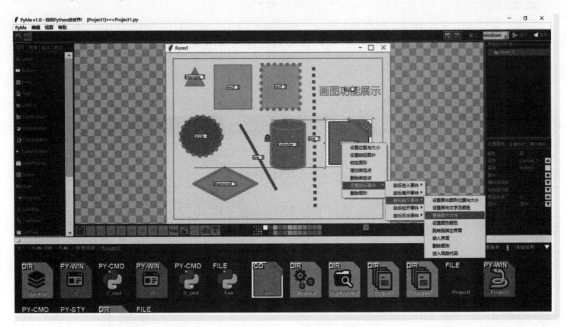

● 图 8-7　设置图形在鼠标按下时更换图片文件

下面重点介绍以下功能。

1）设置画布图形位置与大小。选择该命令后在弹出的对话框中选择当前画板上的图形标签，然后填入对应的 X、Y、宽度、高度信息，即可在响应对应的事件时将指定的图形设置为想要的位置和大小（见图 8-8）。

2）设置画布文字及颜色。选中后在弹出的对话框中对文字和按钮图形设置内容和颜色（见图 8-9）：

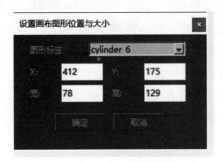

● 图 8-8　设置画布图形位置与大小

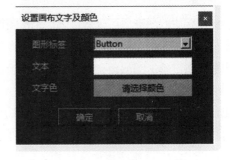

● 图 8-9　设置画布文字及颜色

在这个对话框中也需要选择当前画板上的图形标签，然后在文本编辑框中输入对应的文字，单击"请选择颜色"按钮来选择相应的文字颜色。

3）更换图片文件。选择该命令后在弹出的对话框中对图片和按钮图形进行图片文件设置，单击

"浏览"选择一个图片文件后，会在下面的方框里显示图片，之后单击"确定"按钮即可完成图片文件的更换（见图 8-10）。

4）设置图形颜色。选择该命令后在弹出的对话框的填充颜色和边线颜色选项旁单击"请选择颜色"按钮，选取想要的颜色，就可以完成对应的设置了（见图 8-11）。

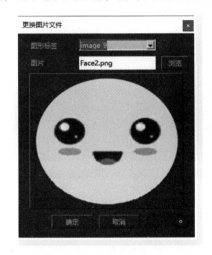

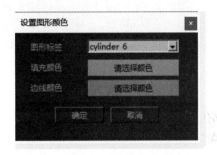

● 图 8-10　更换图片文件　　　　　　　● 图 8-11　设置图形颜色

5）跳转到其他界面。选择该命令后在弹出的选择文件的对话框中设置事件触发时跳转到的界面文件。

6）嵌入界面。嵌入界面可以指定在一个容器控件里嵌入其他的界面文件（见图 8-12），默认在当前 Form_1 里嵌入界面，也就是更换当前窗口中的界面，与前面跳转到不同界面的区别是，使用嵌入界面，不会出现跳转时关闭当前界面和打开新界面的闪动过程，因为它是在一个界面中的控件内容变化。

7）删除图形。选择该命令后可以将一个图形删除，只需要选择对应的图形标签即可（见图 8-13）。

● 图 8-12　设置在控件上嵌入界面　　　● 图 8-13　指定删除对应标签的图形

8）进入函数代码。选择该命令后可以直接进入对应的函数编写自定义的逻辑代码（见图 8-14）。

2. 画布绘图操作方法

除了使用工具条在画布上创建图形之外，也可以使用表 8-1 中列出的 Fun 函数库的绘图函数来创建相应的图形。

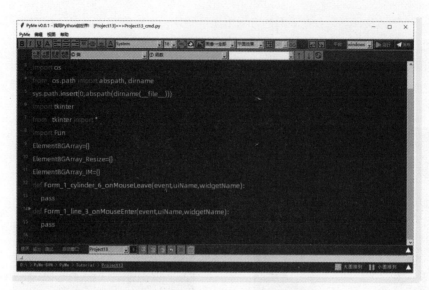

● 图 8-14 对应的图形事件回调函数

表 8-1 Fun 函数库中绘图相关函数

函 数 名 称	功 能 说 明	参 数 说 明
DrawLine	绘制直线	uiName：控件所在界面的类名 drawCanvasName：控件名称 x1：起始点 x y1：起始点 y x2：结束点 x y2：结束点 y color：线条颜色 width：线条宽度 dash：虚线设置信息 shapeTag：图形的标记
DrawArrow	绘制箭头	
DrawTriangle	绘制三角形	uiName：控件所在界面的类名 drawCanvasName：控件名称 x1：左上角 x y1：左上角 y x2：右下角 x y2：右下角 y color：线条颜色 outlinecolor：边缘线颜色 outlinewidth：边缘线宽度 dash：虚线设置信息 shapeTag：图形的标记
DrawRectangle	绘制矩形	
DrawRoundedRectangle	绘制圆角矩形	
DrawCircle	绘制圆形	
DrawDiamond	绘制菱形	
DrawCylinder	绘制圆柱	

（续）

函 数 名 称	功 能 说 明	参 数 说 明
DrawText	绘制一段文字	uiName：控件所在界面的类名 drawCanvasName：控件名称 x：写字位置 x y：写字位置 y text：文字内容 textFont：字体 color：文字颜色 anchor：文字对齐方式 shapeTag：图形的标记
DrawImage	绘制一个图片	uiName：控件所在界面的类名 drawCanvasName：控件名称 x1：左上角 x y1：左上角 y x2：右下角 x y2：右下角 y imageFile：图片文件名称 shapeTag：图形的标记
DrawButton	绘制一个圆角按钮	uiName：控件所在界面的类名 drawCanvasName：控件名称 x1：左上角 x y1：左上角 y x2：右下角 x y2：右下角 y text：按钮文字 textcolor：文字颜色 textFont：文字字体 fillcolor：按钮背景颜色 outlinecolor：按钮边框颜色 outlinewidth：按钮边框宽线 dash：边缘线虚线设置信息 shapeTag：图形的标记
EraserCanvas	擦除指定矩形内容，逻辑是用画布背景色绘制矩形区域	uiName：控件所在界面的类名 drawCanvasName：控件名称 x1：左上角 x y1：左上角 y x2：右下角 x y2：右下角 y

除了这些基本的图形绘制函数外，Fun 函数库中还加入了对图形进行修改的函数，如表 8-2 所示。

表 8-2 **Fun 函数库中修改图形函数**

函 数 名 称	功 能 说 明	参 数 说 明
SetShapeRect	修改图形所在的矩形（位置与大小）	uiName：控件所在界面的类名 drawCanvasName：控件名称 shapeTag：图形的标记 x1：左上角 x y1：左上角 y x2：右下角 x y2：右下角 y
SetShapeFillColor	修改图形的填充颜色	uiName：控件所在界面的类名 drawCanvasName：控件名称 shapeTag：图形的标记 color：颜色值
SetShapeOutlineColor	修改图形的边框颜色	
SetShapeLineWidth	修改图形的边框宽度	uiName：控件所在界面的类名 drawCanvasName：控件名称 shapeTag：图形的标记 width：宽度
SetShapeImage	修改图形的图片	uiName：控件所在界面的类名 drawCanvasName：控件名称 shapeTag：图形的标记 imageFile：图片文件名称
SetShapeText	修改图形的文字	uiName：控件所在界面的类名 drawCanvasName：控件名称 shapeTag：图形的标记 text：文字内容 color：文字颜色
DeleteShape	删除指定图形	uiName：控件所在界面的类名 drawCanvasName：控件名称 shapeTag：图形的标记

也可以通过函数来为一个图形绑定交互事件和对应的响应处理，可绑定的事件和对应的参数名称分别如下。

- 鼠标进入事件：MouseEnter
- 鼠标离开事件：MouseLeave
- 鼠标按下事件：ButtonDown
- 鼠标拖动事件：ButtonMotion
- 鼠标松开事件：ButtonUp
- 鼠标双击事件：DoubleClick

为图形绑定指定的事件并进行图形的修改的函数，只需在上面图形修改函数的前面加入前缀 BindShapeEvent_，并为参数 bindEvent 填写上面参数值即可，表 8-3 列出了相应的绑定函数。

表 8-3　为图形绑定事件相关函数

函 数 名 称	功 能 说 明	参 数 说 明
BindShapeEvent_SetShapeRect	为图形绑定指定的事件设置图形的位置和大小矩形	uiName：控件所在界面的类名 drawCanvasName：控件名称 shapeTag：图形的标记 bindEvent：上面的事件参数名称 x1：左上角 x y1：左上角 y x2：右下角 x y2：右下角 y
BindShapeEvent_SetFillColor	为图形绑定指定的事件设置图形的填充颜色	uiName：控件所在界面的类名 drawCanvasName：控件名称 shapeTag：图形的标记 bindEvent：上面的事件参数名称 color：颜色值
BindShapeEvent_SetOutlineColor	为图形绑定指定的事件设置图形的边框颜色	uiName：控件所在界面的类名 drawCanvasName：控件名称 shapeTag：图形的标记 bindEvent：上面的事件参数名称 color：颜色值
BindShapeEvent_ChangeImage	为图形绑定指定的事件设置图形的图片	uiName：控件所在界面的类名 drawCanvasName：控件名称 shapeTag：图形的标记 bindEvent：上面的事件参数名称 imageFile：图片文件名称
BindShapeEvent_ChangeText	为图形绑定指定的事件设置图形的文字	uiName：控件所在界面的类名 drawCanvasName：控件名称 shapeTag：图形的标记 bindEvent：上面的事件参数名称 text：文字内容 color：文字颜色
BindShapeEvent_JumpToUI	为图形绑定指定的事件设置跳转到某个新界面	uiName：控件所在界面的类名 drawCanvasName：控件名称 shapeTag：图形的标记 bindEvent：上面的事件参数名称 targetUIName：跳转的目标界面类名称
BindShapeEvent_LoadUI	为图形绑定指定的事件设置在控件中嵌入新界面	uiName：控件所在界面的类名 drawCanvasName：控件名称 shapeTag：图形的标记 bindEvent：上面的事件参数名称 widgetName：目标控件 targetUIName：跳转的目标界面类名称
BindShapeEvent_DeleteShape	为图形绑定指定的事件删除某一个图形	uiName：控件所在界面的类名 drawCanvasName：控件名称 shapeTag：图形的标记 bindEvent：上面的事件参数名称 targetShapeTag：要删除图形的标记

（续）

函数名称	功能说明	参数说明
BindShapeEvent_CallFunction	为图形绑定指定的事件设置回调函数，方便开发者自行扩展	uiName：控件所在界面的类名 drawCanvasName：控件名称 shapeTag：图形的标记 bindEvent：上面的事件参数名称 callBackFuncton：回调函数

比如在单击 rectangle_2 时设置文字 text_3 颜色变成红色的"你好"，只需要在 Form1_onLoad 函数中加入代码：

```
Fun.BindShapeEvent_ChangeText(uiName,'Form_1','rectangle_2','ButtonDown','text_5',Text='
你好',TextColor='#FF0000')
```

3. 制作 3 个游戏界面

五子棋游戏中共涉及 3 个界面的制作，学会了基本的画布图形创建方法后，下面进入到具体的界面制作过程。

（1）开始界面的制作

在开始界面中，按设计草图对 Form_1 设置背景图、标题文字，并选择画布工具条中的按钮，然后在画布上拖动出一个圆角按钮，按下〈Alt〉键后选中这个圆角按钮拖动，复制出第 2 个按钮。

选中按钮，在工具条上修改一下填充颜色，并在顶部工具条上为选中的按钮修改一下文字大小和颜色。再加入一张相应的背景图做点缀，第一个界面就基本设计完成了（见图 8-15）。

● 图 8-15　五子棋登录界面在 PyMe 中设计结果

（2）战斗场景的制作

创建新的窗体 Battle，在中间放置一个棋盘，把玩家的头像和步数信息放在左右两边，并在棋盘上面加入当前正在思考应对的玩家和时长统计，如图 8-16 所示。

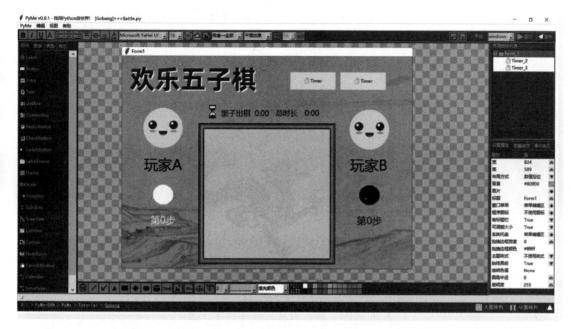

● 图 8-16　战斗场景在 PyMe 中设计结果

此时棋盘只有一张背景图，网格将在后面的逻辑实现中绘制。要注意的是，在一个背景图片上绘制出网格，需知道起始点的位置，这里需要为棋盘背景图增加一个绑定点（见图 8-17）。

● 图 8-17　为棋盘图片增加绑定点

绑定点创建出来后，选中它并把它移动到棋盘的左上角位置，作为网格绘制的起点（见图 8-18）。

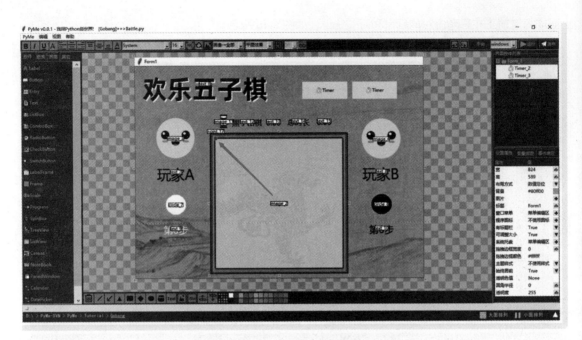

● 图 8-18　移动绑定点到棋盘左上角

　　在这个界面中有用到计时器组件，可以从左边工具条"其他"栏里再拖动两个计时器（Timer）控件到界面中，一个用来每秒更新总时长，一个用来统计当前出棋玩家的思考时长（见图 8-19）。

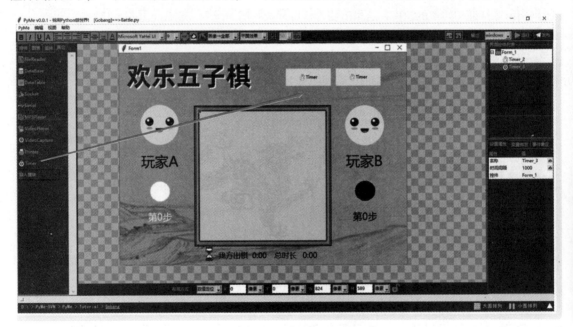

● 图 8-19　加入两个计时器

　　计时器控件属性栏里的属性主要包括以下几种。

　　● 时间间隔：定时触发回调函数的时间间隔，单秒是毫秒，默认值 1000 为一秒，也就是每秒触发一次回调函数。

- 控件：计时器所绑定的界面控件，因为计时器是通过为界面控件定时调用 after 函数的方式创建的，所以这里需要指定一个界面控件。

当创建完定时器后，在界面的 cmd 逻辑文件中可以看到增加的两个回调函数。

```
def Timer_2_onTimer(uiName,widgetName):
    pass
def Timer_3_onTimer(uiName,widgetName):
    pass
```

参数 uiName 为当前界面类名，widgetName 为计时器所绑定的界面控件名称，在定时器的回调函数里编写相应的时间统计和文字显示就可以实现定时调用更新。

（3）结算界面的制作

在游戏的过程中，一旦某一方满足胜利条件，即可获得胜利并进入结算界面。在结算界面中，仍然需要把最后的棋盘结果显示出来，所以这里也加入棋盘图片和一个位于棋盘左上角的绑定点（见图 8-20）。

- 图 8-20　结算界面在 PyMe 中设计结果

8.2　五子棋游戏的逻辑实现

与之前的项目相比，游戏的界面设计明显复杂了许多，同样也会有更多的逻辑处理，这里重点要关注的是棋盘的绘制、鼠标响应处理和胜利逻辑判断。

▶▶ 8.2.1　界面跳转的实现

在游戏启动时，首先看到的是开始界面中的两个按钮，需要通过单击按钮进入到游戏战斗场景，怎么实现界面的跳转呢？开发者可以直接在界面上通过图形交互事件进行设置，选中开始界面中的按钮，用鼠标右键单击，在按钮图形的单击事件下选择"跳转到其他界面"命令，选择战斗场景的界面文件（见图 8-21）。

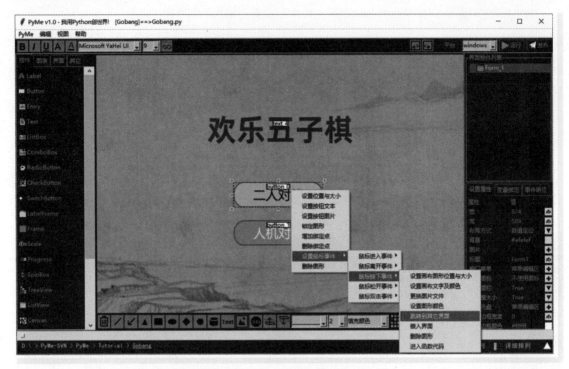

● 图 8-21　为按钮加入跳转界面处理

这样在不需要写代码的情况下，就可以完成相应图形按钮跳转逻辑的设置。

除了这种方式外，也可以在代码中通过 Fun 函数库中的 GoToUIDialog 函数进行跳转，具体说明见表 8-4。

表 8-4　界面跳转的函数说明

函数名称	函数说明	参数说明
GoToUIDialog	从当前界面跳转到指定的界面	uiName：当前界面类名称 targetUIName：目标界面类名称

▶▶ 8.2.2　棋盘的绘制逻辑

在战斗场景和胜利界面中放置了一个棋盘背景图片，并在它的左上角加入了一个绑定点。在逻辑实现时，需要基于这个绑定点来绘制出棋盘网格。进入当前界面的 Form_1 的 OnLoad 函数，先取得绑定点位置，然后按照每 20 像素大小绘制一行和一列，横向和纵向正好 18 个格子。

```
def Form_1_onLoad(uiName):
    #取得 Form_1 界面上棋盘图片 Image2 的绑定点 point_17,返回的是一个位置点
    QPLTPoint = Fun.GetShapePoint(uiName,'Form_1','image_2','point_17')
    #调整好棋盘大小,在这里定义格子像素大小为 20
```

```
QPTileSize = 20
#绘制行线条
for row in range(0,19):
    Fun.DrawLine(uiName,'Form_1',x1=QPLTPoint[0],y1=QPLTPoint[1]+row*QPTileSize,
x2=
QPLTPoint[0]+18*QPTileSize,y2=QPLTPoint[1]+row*QPTileSize,color='#000000',width=2,
shapeTag='image_2')
    #绘制列线条
    for cow in range(0,19):
        Fun.DrawLine(uiName,'Form_1',x1=QPLTPoint[0]+cow*QPTileSize,y1=QPLTPoint[1],x2
=QPLTPoint[0]+cow*QPTileSize,y2=QPLTPoint[1]+18*QPTileSize,color='#000000',width=2,
shapeTag='image_2')
```

绘制完后运行，就可以看到棋盘网格了（见图 8-22）。

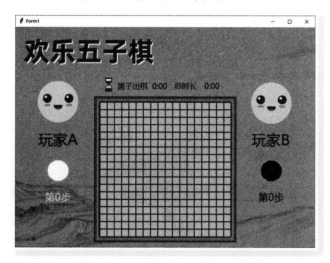

• 图 8-22 战斗场景运行结果

在 Form_1 的 OnLoad 函数中除了绘制棋盘外，还要增加一系列游戏变量。

• Steps：总下棋的次数，奇数为我方，偶数为对手，通过这个次数也可以计算出当前我方和对方下到第几步了。

• CurrPlayerID：哪一方出棋，0 为我方（白子），1 为对手（黑子）。

• TotalTime：总时长秒数。

• CurrTime：当前出棋玩家思考的秒数。

继续在 Form_1 的 OnLoad 函数的尾部追加代码。

```
#增加用户变量,名称为 Steps,类型为整型,默认值为 0,不需要映射到控件文本上
Fun.AddUserData(uiName,'Form_1',dataName='Steps',datatype='int',datavalue=0,
isMapToText=0)
    #增加 CurrPlayerID 变量,注意默认值 datavalue=2,设置为黑子先下
    Fun.AddUserData(uiName,'Form_1',dataName='CurrPlayerID',datatype='int',datavalue=2,
isMapToText=0)
    Fun.AddUserData(uiName,'Form_1',dataName='TotalTime',datatype='int',datavalue=0,
isMapToText=0)
```

```
        Fun.AddUserData(uiName,'Form_1',dataName='CurrTime',datatype='int',datavalue=0,
    isMapToText=0)
        #取得总时长定时器 Timer_2,并开启计时
        Timer2 = Fun.GetElement(uiName,'Timer_2')
        Timer2.Start()
        #取得当前玩家思考时长定时器 Timer_2,并开启计时
        Timer3 = Fun.GetElement(uiName,'Timer_3')
        Timer3.Start()
```

下面来编写定时器的回调函数处理逻辑。

```
#总时长定时器响应函数
def Timer_2_onTimer(uiName,widgetName):
    #取得 TotalTime 变量
    TotalTime = Fun.GetUserData(uiName,'Form_1','TotalTime')
    #TotalTime 变量加 1
    TotalTime = TotalTime + 1
    #重新保存到 TotalTime 变量中
    Fun.SetUserData(uiName,'Form_1','TotalTime',TotalTime)
    #统计出分钟和秒数
    Minute = TotalTime//60
    Second = TotalTime - Minute * 60
    #秒数处理占两个数字,根据秒数是否小于 10 进行前面加 0
    if Second < 10:
        TimeText = str("%d 分 0%d 秒"%(Minute,Second))
    else:
        TimeText = str("%d 分%d 秒"%(Minute,Second))
    #设置总时长的文字
    Fun.SetShapeText(uiName,'Form_1','text_15',TimeText)
#当前玩家思考定时器响应函数
def Timer_3_onTimer(uiName,widgetName):
    #取得 CurrTime 变量
    CurrTime = Fun.GetUserData(uiName,'Form_1','CurrTime')
    CurrTime = CurrTime + 1
    Fun.SetUserData(uiName,'Form_1','CurrTime',CurrTime)
    Minute =CurrTime //60
    Second =CurrTime - Minute * 60
    if Second < 10:
        TimeText = str("%d 分 0%d 秒"%(Minute,Second))
    else:
        TimeText = str("%d 分%d 秒"%(Minute,Second))
    #设置当前玩家思考时长的文字
    Fun.SetShapeText(uiName,'Form_1','text_13',TimeText)
```

▶▶ 8.2.3 棋子放置事件处理

要在棋盘上通过鼠标单击下棋，就需要处理鼠标单击棋盘的事件，右键单击棋盘图像 Image_2，在弹出菜单上选择"设置鼠标事件"＞"鼠标按下事件"＞"进入函数代码"命令，可以进入代码编辑器，定位在对应事件的响应函数。

```
def Form_1_image_2_onButtonDown(event,uiName,widgetName):
    pass
```

在这个函数中，需要获取鼠标单击棋盘图片的位置点，并计算出棋子放置的格子交叉点位置，然后绘制出当前玩家对应颜色的圆形棋子。

```
def Form_1_image_2_onButtonDown(event,uiName,widgetName):
    #取得当前的步数
    CurrSteps = Fun.GetUserData(uiName,'Form_1','Steps')
    #取得当前的玩家 ID
    CurrPlayerID = Fun.GetUserData(uiName,'Form_1','CurrPlayerID')
    #取得棋盘的左上角绑定点位置
    QPLTPoint = Fun.GetShapePoint(uiName,'Form_1','image_2','point_17')
    #取得我方与对手的步数文字标签
    StepText1Pos = Fun.GetShapeRect(uiName,'Form_1','text_9')
    StepText2Pos = Fun.GetShapeRect(uiName,'Form_1','text_10')
    #定义格子的大小为 20 像素
    QPTileSize = 20
    #取得格子的一半大小
    QPHalfTileSize = QPTileSize // 2
    #取得当前单击位置与棋盘左上角绑定点的 X,Y 距离,计算出所处的格子位置
    tileX = int((event.x - QPLTPoint[0] + QPHalfTileSize)/QPTileSize)
    tileY = int((event.y - QPLTPoint[1] + QPHalfTileSize)/QPTileSize)
    #重新计算出标准的棋子位置
    QZPosX = QPLTPoint[0] + tileX * QPTileSize
    QZPosY = QPLTPoint[1] + tileY * QPTileSize
    #根据玩家显示对应颜色的棋子,并更新对应玩家信息
    #如果当前为等待我方下棋
    if CurrPlayerID ==1:
        #绘制白色圆形作为棋子
        Fun.DrawCircle(uiName,'Form_1',x1=QZPosX-8,y1=QZPosY-8,x2=QZPosX+8,y2=
QZPosY+8,color='#FFFFFF',outlinecolor='#FFFFFF',outlinewidth=1,shapeTag='')
        #设置该对方('CurrPlayerID'为 2)下棋
        Fun.SetUserData(uiName,'Form_1','CurrPlayerID',2)
        #计算出我方的步数,并将其设置到显示步数文字标签
        Step = int((CurrSteps+2)/2)
        Fun.SetShapeText(uiName,'Form_1','text_9',str("第%d步"%Step))
        #更新一下我方和对方的头像表情
        Fun.SetShapeImage(uiName,'Form_1','image_3','Face2.png')
        Fun.SetShapeImage(uiName,'Form_1','image_4','Face1.png')
        #切换一下显示当前出棋方的文字
        Fun.SetShapeText(uiName,'Form_1','text_12',str("黑子出棋"))
    else:
        #绘制黑色圆形作为棋子
        Fun.DrawCircle(uiName,'Form_1',x1=QZPosX-8,y1=QZPosY-8,x2=QZPosX+8,y2=QZPosY
+8,color='#000000',outlinecolor='#000000',outlinewidth=1,shapeTag='')
        #设置该我方('CurrPlayerID'为 1)下棋
        Fun.SetUserData(uiName,'Form_1','CurrPlayerID',1)
        #计算出对方的步数,并将其设置到显示步数文字标签
        Step =int( (CurrSteps+2)/2)
        Fun.SetShapeText(uiName,'Form_1','text_10',str("第%d 步"%Step))
        #更新一下我方和对方的头像表情
        Fun.SetShapeImage(uiName,'Form_1','image_3','Face1.png')
        Fun.SetShapeImage(uiName,'Form_1','image_4','Face2.png')
        #切换一下显示当前出棋方的文字
```

```
       Fun.SetShapeText(uiName,'Form_1','text_12',str("白子出棋"))
#步数变量+1保存,切换了下棋的一方
Fun.SetUserData(uiName,'Form_1','Steps',CurrSteps+1)
#取得当前玩家思考时长定时器Timer_3,重新计时
Timer3 = Fun.GetElement(uiName,'Timer_3')
Timer3.Stop()
#重置玩家思考时长文字
Fun.SetShapeText(uiName,'Form_1','text_13',"0分00秒")
#重置玩家思考时长计时变量
Fun.SetUserData(uiName,'Form_1','CurrTime',0)
Timer3.Start()
```

处理完这些逻辑后,运行一下,就可以通过鼠标单击棋盘网格交叉位置来下棋了(见图8-23)。

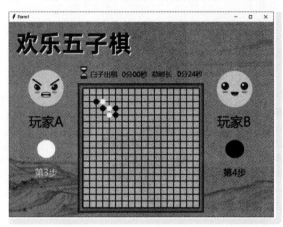

● 图 8-23　通过鼠标单击棋盘进行下棋

▶▶ 8.2.4　胜利判断

为了判断下棋时当前的一方是否胜利,需要记录棋盘上每个格子的棋子,并进行胜利判断,下面在 Form_1 的 OnLoad 函数的尾部继续追加代码。

```
#创建一个列表,记录棋盘上每一个棋格交叉点的棋子(玩家ID),默认清空为0(空白)
QPTileArray = [0]*19*19
#将这个二维列表作为Form_1的一个用户变量QPTileArray,这样可以在其他函数中取用
Fun.AddUserData(uiName,'Form_1',dataName='QPTileArray',datatype='dictionary',datavalue
=QPTileArray,isMapToText=0)
```

有了这个列表,就可以通过格子交叉点的索引来对相应格子的数值进行存取,通过对棋子的连线进行判断,按照五子棋的规则,一旦连线数量等于 5 就达成胜利。

算法也比较简单,只要对横向、纵向、左下到右下(45 度)、右上到左下(45 度)总共 4 个直线方向判断对应格子里的值是否有 5 个连续相同的就可以了。所以需要对每个棋格进行 4 次判断,假如当前棋格在棋盘中的索引为 index,只需要在判断中搞清楚取哪几个格子就可以了。

● 横向:取 index、index+1、index+2、index+3、index+4 共 5 个连续的格子索引。如果 index 为 0,也就是 0、1、2、3、4 共 5 个格子。但如果 index 为 16,也就是 16、17、18、19、20。这时就会出现如图 8-24 所示的问题。

可以看到，索引为 19、20 的两个交叉点其实对应第二行的前两个交叉点，所以在判断时要注意处理，具体的方法就是横向判断时 index+4 的值不要超过最右边，也就是说 index 代表的交叉点列值不要超过 14。

- 纵向：取 index、index+19、index+38、index+57、index+76 共 5 个连续的格子索引。如果 index 为 0，也就是索引为 0、19、38、57、76 的共 5 个格子。但如果 index 为底部的第二行第三列，同样也会出现问题（见图 8-25）：

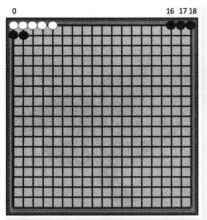

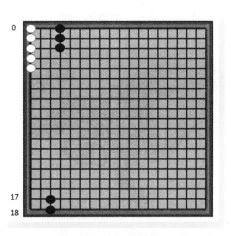

● 图 8-24　横向格子索引连续溢出

● 图 8-25　纵向格子索引连续溢出

可以看到，如果判断的交叉点在下面的黑子位置，那么后续的连续纵向索引的交叉点位置会回到下一列的最上面，所以在判断时要注意处理，让 index 代表的交叉点的行值不要超过 14。

- 左下到右下（45 度）取 index、index+19、index+38、index+57、index+76 共 5 个连续的格子索引。如果 index 为 0，也就是索引为 0、20、40、60、80 的共 5 个格子。但如果 index 为靠近右边或下边的位置，可以看到同样也会出现问题（见图 8-26），这时要考虑让 index 代表的交叉点的行值和列值都不要超过 14。

- 最后是右上到左下（45 度），取 index、index+18、index+36、index+54、index+72 共 5 个连续的格子索引。如果 index 为 0，也就是索引为 0、20、40、60、80 的共 5 个格子。如果 index 为靠近左边或下边的位置，要保证让 index 代表的交叉点的行值不要超过 14，列值不要小于 4，否则也会出现问题（见图 8-27）。

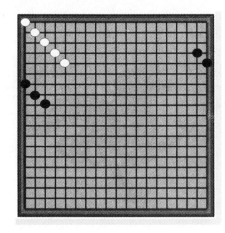

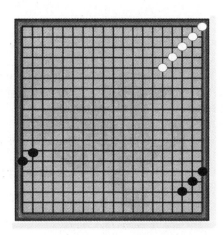

● 图 8-26　左上到右下格子索引连续溢出

● 图 8-27　右上到左下格子索引连续溢出

上面的 4 幅图展示了如何取得连线索引，以及会遇到的问题，下面来完成这些代码的实现。进入 **Form_1_image_2_onButtonDown** 函数，增加判断的代码。

```python
def Form_1_image_2_onButtonDown(event,uiName,widgetName):
    .....
    #步数变量+1 保存,切换了下棋的一方
    Fun.SetUserData(uiName,'Form_1','Steps',CurrSteps+1)
    #取得QPTileArray,将当前玩家的ID存入到对应的索引位置
    QPTileArray = Fun.GetUserData(uiName,'Form_1','QPTileArray')
    QPTileArray[tileY*19+tileX] = CurrPlayerID
    #横向连续判断
    for row in range(19):
        #交叉点列值不要超过14
        for cow in range(15):
            index = row*19+cow
            if QPTileArray[index] > 0 and QPTileArray[index] == QPTileArray[index+1] and QPTileArray[index+1] == QPTileArray[index+2] and QPTileArray[index+2] == QPTileArray[index+3] and QPTileArray[index+3] == QPTileArray[index+4]:
                if CurrPlayerID == 1:
                    Fun.MessageBox("白子胜利")
                else:
                    Fun.MessageBox("黑子胜利")
                return
    #纵向连续判断,交叉点行值不要超过14
    for row in range(15):
        for cow in range(19):
            index = row*19+cow
            if QPTileArray[index] > 0 and QPTileArray[index] == QPTileArray[index+19] and QPTileArray[index+19] == QPTileArray[index+38] and QPTileArray[index+38] == QPTileArray[index+57] and QPTileArray[index+57] == QPTileArray[index+76]:
                if CurrPlayerID == 1:
                    Fun.MessageBox("白子胜利")
                else:
                    Fun.MessageBox("黑子胜利")
                return
    #左上到右下(45度)连续判断,交叉点行值和列值都不要超过14
    for row in range(15):
        for cow in range(15):
            index = row*19+cow
            if QPTileArray[index] > 0 and QPTileArray[index] == QPTileArray[index+20] and QPTileArray[index+20] == QPTileArray[index+40] and QPTileArray[index+40] == QPTileArray[index+60] and QPTileArray[index+60] == QPTileArray[index+80]:
                if CurrPlayerID == 1:
                    Fun.MessageBox("白子胜利")
                else:
                    Fun.MessageBox("黑子胜利")
                return
    #右上到左下(45度)连续判断,交叉点行值不要超过14,列值不能小于4
    for row in range(0,15):
```

```
        for cow in range(4,19):
            index = row * 19+cow
            if QPTileArray[index] > 0 and QPTileArray[index] == QPTileArray[index+18] and
QPTileArray[index+18] == QPTileArray[index+36] and QPTileArray[index+36] == QPTileArray
[index+54] and QPTileArray[index+54] == QPTileArray[index+72]:
                if CurrPlayerID == 1:
                    Fun.MessageBox("白子胜利")
                else:
                    Fun.MessageBox("黑子胜利")
                return
    #取得当前玩家思考时长定时器 Timer_3,重新计时
    Timer3 = Fun.GetElement(uiName,'Timer_3')
    ....
```

运行后，可以下棋测试一下判断逻辑，一方胜利后的提示如图 8-28 所示。

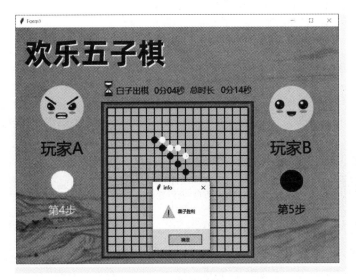

● 图 8-28　一方胜利后的提示

事实证明，这段判断代码可以很好地对棋盘进行判断，不过胜利结算界面还没有制作，这里只用了一个弹出式对话框来提示胜利。

▶▶ 8.2.5　胜利结算界面

有了战斗场景的开发经验，对胜利结算界面的处理就更加容易了。同样为棋盘背景图设置绑定点，然后在 Form_1 的 onLoad 函数中绘制棋盘网格，通过取得棋子列表变量对棋盘上的棋子场景进行复原，并设置相关胜利文字信息，具体的操作步骤不再一一赘述，代码实现如下。

```
def Form_1_onLoad(uiName):
    #取得背景图 image_3 的绑定点 point_16
    QPLTPoint = Fun.GetShapePoint(uiName,'Form_1','image_3','point_16')
    #按照战斗场景中处理原样绘制棋盘
    QPTileSize = 20
```

```
    for row in range(0,19):
Fun.DrawLine(uiName,'Form_1',x1=QPLTPoint[0],y1=QPLTPoint[1]+row*QPTileSize,x2=QPLT-
Point[0]+18*QPTileSize,y2=QPLTPoint[1]+row*QPTileSize,color='#000000',width=2,
shapeTag='image_2')
    for cow in range(0,19):
Fun.DrawLine(uiName,'Form_1',x1=QPLTPoint[0]+cow*QPTileSize,y1=QPLTPoint[1],x2=QPLT-
Point[0]+cow*QPTileSize,y2=QPLTPoint[1]+18*QPTileSize,color='#000000',width=2,
shapeTag='image_2')
    #取得战斗场景(Battle界面)中为Form_1绑定的用户变量QPTileArray。
    QPTileArray = Fun.GetUserData("Battle",'Form_1','QPTileArray')
    if QPTileArray:
        #根据QPTileArray的值对棋盘上的棋子进行复原
        for row in range(0,19):
            for cow in range(0,19):
                index  = row * 19 + cow
                QZPosX = QPLTPoint[0]+cow*QPTileSize
                QZPosY = QPLTPoint[1]+row*QPTileSize
                if QPTileArray[index] == 1:
                    Fun.DrawCircle(uiName,'Form_1',x1=QZPosX-8,y1=QZPosY-8,x2=QZPosX
+8,y2=QZPosY+8,color='#FFFFFF',outlinecolor='#FFFFFF',outlinewidth=0,dash=(0,0),
shapeTag='')
                elif QPTileArray[index] == 2:
                    Fun.DrawCircle(uiName,'Form_1',x1=QZPosX-8,y1=QZPosY-8,x2=QZPosX
+8,y2=QZPosY+8,color='#000000',outlinecolor='#000000',outlinewidth=0,dash=(0,0),
shapeTag='')
    #取得当前结点时战斗场景中代表当前思考中的玩家ID
    CurrPlayerID = Fun.GetUserData("Battle",'Form_1','CurrPlayerID')
    #如果是对方思考,则我方胜利,反之,则是对方胜利,设置相应文字
    if CurrPlayerID == 2:
        Fun.SetShapeText(uiName,'Form_1','text_13',str("我方胜利"),'#FFFFFF')
    else:
        Fun.SetShapeText(uiName,'Form_1','text_13',str("对方胜利"),'#000000')
    #取得战斗场景中记录的总时长变量,经过转换后设置给总时长文字
    TotalTime = Fun.GetUserData("Battle",'Form_1','TotalTime')
    Minute = TotalTime//60
    Second = TotalTime - Minute * 60
    if Second < 10:
        TimeText = str("总时长:%d分0%d秒"%(Minute,Second))
    else:
        TimeText = str("总时长:%d分%d秒"%(Minute,Second))
    Fun.SetShapeText(uiName,'Form_1','text_12',TimeText)
```

　　代码需要获取战斗场景中的变量,按照游戏流程,一旦产生胜负,游戏将从战斗场景中跳转到结算界面,这时将可以看到正确的结算界面,下面来做一下战斗场景中的界面跳转,只需要在胜利时弹出对话框提示代码改为跳转代码即可。

```
Fun.GoToUIDialog(uiName,"Win")
```

　　现在本章的工程案例主要实现就讲解完毕了,关于人机对战部分的计算机出棋算法,就不详解了,感兴趣的同学可以自己实现一下或参考PyMe配套的当前工程案例。

8.3 实战练习：开发一个苹果机的游戏

通过欢乐五子棋工程案例的学习，相信开发者对于画布的绘图和事件处理有了一个全面的掌握，在实战练习中通过另一个游戏项目苹果机来对本章节的学习内容进行巩固。苹果机和轮盘游戏类似，就是通过移动或旋转在一个环形的图标列表中最后定位到一个图标，并以此来给出奖励。

苹果机的界面需要准备一些水果、铃铛类的图标，然后设定对应赔率列在最下面，之后按照赔率低数量多，赔率高数量少的方式在上面摆放成一个方形的图标环路，中间加一个中奖倍率的显示文字，默认设置为 00，界面可参考图 8-29。

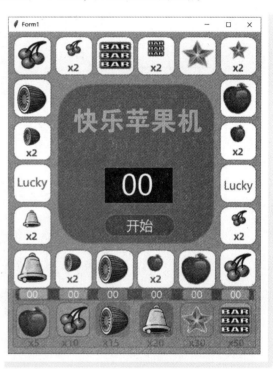

在游戏中单击下注区的图标即可进行相应的下注，单击图标会将图标上面的下注数字加 1，代表下了多少个币。这部分的逻辑处理需要通过对图标绑定单击事件，并在事件中对文字进行设置。

单击"开始"按钮后，苹果机开始进行当前光标的转动，需要让环上的图标依次把边缘线框亮起来实现这个动画。首先在 Form_1 的 OnLoad 函数定义一个列表变量来按照顺序对应环上的每个图标索引和赔率，并定义一个当前光标索引，默认为 0。然后在"开始"按钮的响应函数中启动定时器，在定时器的回调函数中用索引找到当前光标，设置线框宽度为 0，累加光标索引，并设定累加后的当前光标的线框宽度为 4，同时设定一个亮一点的颜色。

● 图 8-29　苹果机界面

这样看起来就有一个图标依次被选中的效果了（见图 8-30），不过动画并不能一直转，需要在一定时间后停下来，开发者可以自行设计速度变化逻辑来表现慢慢加到最后停下来的效果。

● 图 8-30　图标的两种状态

CHAPTER 9

第 9 章

VideoPlayer组件——
视频播放器

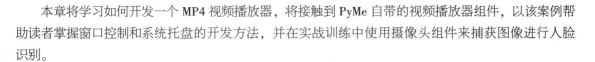

本章将学习如何开发一个 MP4 视频播放器，将接触到 PyMe 自带的视频播放器组件，以该案例帮助读者掌握窗口控制和系统托盘的开发方法，并在实战训练中使用摄像头组件来捕获图像进行人脸识别。

9.1 视频播放器的界面设计

视频播放器的主要功能就是提供一个播放窗口，能够对视频文件进行加载和播放的控制，在满足这个功能的基础上，界面尽量美观大方一些。在学习了前面的游戏项目后，本章案例的界面设计也可以采用画布的绘图功能来制作，而具体的视频功能处理部分，在 PyMe 中已经封装了一个完整的视频播放组件，开发者可以直接使用它来完成视频的加载和播放控件。

▶▶ 9.1.1 视频播放器的方案设计

视频播放器软件的主要功能通常是对 MP4 视频文件进行加载和播放控制，以 Windows 系统上常用的 MediaPlayer 作为参考，主要的界面和功能如下。

1）主窗体是一个画布，用来播放视频，通过弹出菜单来加载文件进行播放。

2）主窗体下部有一个进度条，伴随着播放显示进度。

3）在进度条的起点和终点位置，显示播放时间和剩余时间。

4）用户可以通过按钮控制暂停和继续，也可以通过滑动条设置音量大小。

5）播放器窗口可以通过双击进入全屏或恢复窗口，同时在最小化时收缩到 Windows 的系统托盘中。

1. 视频播放器的界面草图

基于要展现的功能点参考 MediaPlayer，播放器设计见图 9-1。

● 图 9-1　视频播放器设计图

2. 视频播放器的使用流程

基于一般用户使用视频播放器所做的一些操作，给出各个功能点在使用期间的一个流程图（见图 9-2）。

1) 在画布上用鼠标单击，弹出菜单打开文件并播放

2) 播放时显示视频进度，用户可以拖动进度条快进或回退

3) 通过按钮切换视频的播放及停止

4) 用类似滑动条的方式调整音量

5) 切换全屏和恢复窗口

● 图 9-2　视频播放器的使用流程

3. 视频播放器的逻辑方案

上面的流程点涵盖了要开发的功能，各流程点的开发逻辑如下。

1）对画布设置单击鼠标右键事件弹出菜单，并在菜单项回调函数中加入打开文件的通用对话框用于寻找视频文件，使用视频组件对文件进行加载和播放。

2）通过一个滑动条控件来满足进度展示和用户拖动交互处理，滑动条控件可以响应用户拖动事件，通过在对应事件的回调函数中调用视频组件设置当前播放时间的方法来调整进度。

3）视频组件对于播放、暂停都提供了方法，这个按钮一般都使用了多状态按钮图片来达到动态效果，这里可以通过图形的事件来进行处理。

4）调整音量可以使用滑动条，但滑动条占用空间较大，相比之下，使用一个更小的进度条来控制音量大小更显美观。

5）在窗口模式下可以通过右上角的窗口控制按钮进行窗口大小的切换，但看视频时一般大家会更喜欢通过双击画布切换全屏和窗口两种模式，在这里可以都做一下。

▶▶ 9.1.2　**制作视频播放器**

有了界面草图，下面来进行本例的界面设计，在这一节将学习视频组件 VideoPlayer 以及滑动条（Scale）和进度条（Progress）两个控件的使用，同时也将学习如何进行动态按钮的设计与开发。

1. 项目创建与主窗体设置

启动 PyMe，在综合管理界面选择"空白"项目模板，输入 MP4Player 作为项目名称。进入主窗体的设计视图，按照设计方案摆放一个画板（Canvas_2）作为显示 MP4 的区域，并在中间放一个 MP4 的 LOGO 图片，然后在下面加一个滑动条来显示时间进度，用来控制播放进度，接着在滑动条左下位置放一个文本控件用来显示当前时间，右下位置放一个文本控件用来显示剩余时间。为了看起来好看一点，在最下部中间用绘图工具放置一个圆形的播放按钮图片，在左边也放置一个小喇叭图片，并在旁边放置一个纵向进度条用来控制声音，最终如图 9-3 所示。

• 图 9-3　在 PyMe 中的界面设计效果

2. 视频播放组件： VideoPlayer

在 PyMe 中内置了一个视频播放（VideoPlayer）组件，这个组件封装了对 MP4 文件的加载和播放控制方法，可以方便快速地实现相关的功能。

在控件工具条中切换到"其他"选项卡，这里罗列了一些 PyMe 内置的组件，在这里简单介绍一下。

- **FileReader**：文件加载组件，可以将一个文件的内容直接读取到一个 TEXT 控件中。
- **DataBase**：数据库组件，用于对数据库进行处理，目前支持 SQLite、MySQL、SQLServer 三种数据库的连接和操作。
- **DataTable**：数据表组件，主要用于将 Excel 数据表读取到表格中。
- **Socket**：网络组件，主要实现对 SOCKET 的一个封装，方便开发一些简单的网络应用。
- **Serial**：串口组件，主要实现对串口通信的操作。
- **MP3Player**：MP3 播放器组件，主要实现对 MP3 文件的加载和播放控制。
- **VideoPlayer**：MP4 播放器组件，主要实现对 MP4 文件的加载和播放控制。
- **VideoCapture**：调用摄像头图像捕捉的组件。
- **Printer**：打印件组件，主要实现打印机的连接和操作。

• 图 9-4　PyMe 中的内置组件

● **Timer**：定时器组件，提供一个定时器回调函数，方便开发时间控制类的功能。

将"VideoPlayer 组件"拖动到界面后，选中它将会看到属性栏中出现以下两个属性。

① 界面控件：绑定用于显示视频的控件，需要从上面控件树中将 Canvas_2 拖动到这里进行绑定。

② MP4 文件：如果需要自动播放指定 MP4 文件，可以在这里进行设置，默认置空。

在使用了 VideoPlayer 组件后，VideoPlayer 组件的源代码将会显示在 Fun 函数库中，在表 9-1 中罗列出了方法。

表 9-1　VideoPlayer 组件的方法

函 数 名 称	功 能 说 明	参 数 说 明
PlayFile（filename）	播放 MP4 文件	filename：文件名
IsPlaying（）	返回是否在播放状态中	无
Pause（）	暂停播放	无
IsPause（）	是否在暂停状态中	无
Resume（）	是否继续播放	无
Toggle_Pause（）	在暂停和播放中切换	无
Stop（）	停止播放	无
IsStop（）	是否是停止状态	无
FullScreen	全屏显示	无
RecoveryWindow	恢复窗口显示	无
SetVolume（volume）	设置音量	volume：音量大小
GetVolume（）	返回音量大小	无
Mute（）	设置静音	无
IsMute（）	是否静间状态	无
GetDuration（）	返回视频文件总时长	无
GetCurrTime（）	返回当前播放时间	无
SetCurrTime（time）	设置当前播放时间	无

通过在代码中调用这些方法可以方便地对视频进行播放和控制。

3. 用于视频控制的控件

在本例的视频播放器项目中，涉及进度显示与控制、播放与暂停处理以及音量关闭与调节等控制管理，这就需要一些控件来完成相应的功能，在本节将介绍滑动条、进度条控件的使用，以及如何使用画布上的图形结合鼠标事件制作多态按钮。

（1）进度控制-使用滑动条（Scale）控件控制进度

在很多视频播放器中，都会有一个进度条显示当前播放进度，并允许用户点选当前播放进度，在本例中使用一个滑动条控件来模仿这个功能。

滑动条控件主要通过滑块来表示一个范围内的数字。你可以设置起始值、结束值、刻度间隔、精度等信息。默认情况下创建出一个滑动条（见图9-5）。

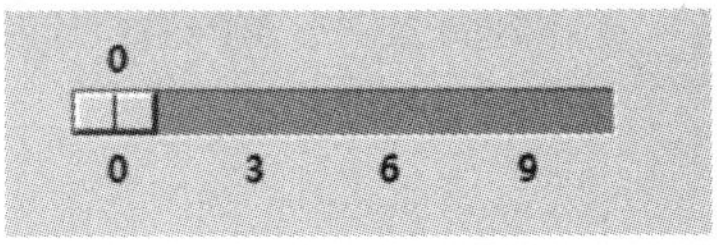

● 图 9-5　滑动条控件

在 PyMe 中它的常用属性包括以下几种。

- 方向：横向还是纵向。
- 显示数：是否显示当前滑块对应的值，如图 9-5 中顶部的 0。
- 起始值：滑动范围的起点。
- 结束值：滑动范围的终点。
- 刻度间隔：隔多少显示一个刻度，比如图 9-5 的刻度间隔为 3。
- 精度：数值的精度，默认为 1，也可以设为 0.1，则每移动一格滑动 0.1。

在本例中将滑动条显示数设置为"隐藏"，然后调整一下底部大小，只留下中间的滑动条部分就可以了（见图 9-6）。

● 图 9-6　用于显示和控制视频进度的滑动条

通过代码对单选按钮的当前结果值进行存取时，主要通过表 9-2 中所示的两个函数来对滑动条进行当前数值的取得和设置。

表 9-2　取得和设置控件结果值的方法

函数名称	功能说明	参数说明
GetCurrentValue	取得控件结果值	uiName：界面类名 elementName：控件名称
SetCurrentValue	设置控件结果值	uiName：界面类名 elementName：控件名称 value：结果值

（2）多状态切换按钮的制作

在一些界面应用中经常会看到多状态表现的按钮，这种按钮在鼠标进入按钮所在区域、鼠标按下和离开按钮所在区域 3 种情况下有不同的外观表现，能够给用户更生动的体验反馈。

在本案例中需要准备以下两套图片。

第一套是用于让用户在视频播放中进行暂停的按钮 3 种状态图（见图 9-7）。

第二套是用于让用户继续播放视频的按钮 3 种状态图（见图 9-8）。

Pause.png　　Pause_ButtonDown.png　　Pause_MouseEnter.png　　　　Play.png　　Play_ButtonDown.png　　Play_MouseEnter.png

● 图 9-7　暂停按钮的 3 种状态图　　　　● 图 9-8　播放按钮的 3 种状态图

两套图片大小一样，命名分别以状态扩展名作为区分。

将这两套图放置在 Resources 目录，在当前界面中，通过绘图工具条将图片 Play.png 加入界面的最底部中间位置，作为用于切换播放状态的图片按钮默认图片。其他的图片展示效果需要在代码中进行具体逻辑处理。

（3）音量控件：使用纵向进度条控件调整音量。

在 MP4 播放器中单击左下角的小喇叭图标可以弹出一个音量调节的进度条以对音量进行控制

（见图 9-9），再次单击小喇叭图标则关闭音量。

这个设定需要事先准备两个小喇叭图片 volumn.png 和 volumn_close.png（见图 9-10），分别对应有声音和静音两种状态。

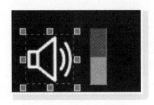

● 图 9-9　音量图标

● 图 9-10　音量图标的两张状态图

使用画布工具条里的图片图形来将 volumn.png 作为默认状态的小喇叭按钮。然后在旁边放置一个竖向的进度模式滚动条控件用来调节音量，就可以实现需要的界面效果了。

9.2　视频播放器的逻辑功能实现

在完成了界面的组件和控件创建与设置后，在这一节为视频播放器的功能完成相应的逻辑代码。本节重点是代码对视频组件的使用和窗口的处理。

▶▶ 9.2.1　通过弹出菜单加载视频文件并进行播放

窗体设计完成后，接下来开发视频加载和播放的功能。为了让用户可以使用鼠标右键弹出菜单来加载 MP4 文件，需要在画布上用鼠标右键进行单击，在"事件响应"菜单项中为鼠标右键单击事件 Button-3 来增加一个"设置弹出菜单"的行为处理，这时会弹出一个菜单编辑区，在菜单编辑区增加一个"打开文件"的菜单项（见图 9-11）。

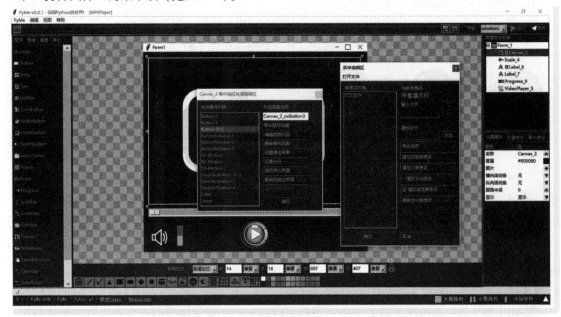

● 图 9-11　为画布增加鼠标右键单击事件并设置弹出菜单

单击"确定"按钮后，进入代码编辑器，会看到 PyMe 所增加的两个函数。

```
def Canvas_2_onButton3(event,uiName,widgetName):
    #取得当前控件作为创建弹出菜单的父窗体控件
    widget = Fun.GetElement(uiName,widgetName)
    #创建弹出菜单
    PopupMenu=tkinter.Menu(widget,tearoff=False)
    #增加一个菜单项
    PopupMenu.add_command(label="打开文件",command=lambda:Canvas_2_onButton3_
Menu_打开文件(uiName,"打开文件"))
    #在鼠标位置弹出菜单
    PopupMenu.post(event.x_root,event.y_root)
def Canvas_2_onButton3_Menu_打开文件(uiName,itemName):
    #单击"打开文件"菜单项时的回调函数
```

有了这两个函数将可以处理在画布上弹出的菜单逻辑，只需要在"打开文件"菜单项的回调函数中加入打开 MP4 文件的代码并调用 VideoPlayer 进行播放就可以了。

下面在 Canvas_2_onButton3_Menu_打开文件函数中的 Pass 位置用鼠标右键单击，在弹出菜单的"系统函数"子菜单中单击"调用打开文件框"菜单项。增加一个打开文件对话框的代码段，并将其改为打开 MP4 文件设置，完成后编写如下代码。

```
def Canvas_2_onButton3_Menu_打开文件(uiName,itemName):
    #调用打开文件的对话框,查找一个 MP4 文件
    openPath = Fun.OpenFile(title="打开 MP4 文件",filetypes=[('MP4 File','*.mp4'),('All
files','*')],initDir = os.path.abspath('.'))
    if openPath:
        #取得 VideoPlayer 组件对象
        videoPlayer = Fun.GetElement(uiName,'VideoPlayer_5')
        #调用 VideoPlayer 组件对象 PlayFile 函数进行播放
        videoPlayer.PlayFile(openPath)
        #调用 VideoPlayer 组件对象的 GetDuration 函数取得总时长(这里单位是秒)
        timeLength = videoPlayer.GetDuration()
        #删除画布 Canvas_2 上的大 LOGO 图片
        Fun.DeleteShape(uiName,'Canvas_2','image_1')
        #设置播放进度条的范围从 0 到总时长的秒整数(用 int 函数取整+1),滑动间隔为 1
        Fun.SetScale(uiName,'Scale_4',0,int(timeLength) + 1,1)
        #设置播放进度条当前起始位置为 0
        Fun.SetCurrentValue('MP4Player','Scale_4',0)
        #一旦开始播放,将播放按钮图片更换为暂停按钮图片,指示单击暂停
        Fun.SetShapeImage(uiName,"Form_1","image_8","Pause.png")
```

这样就可以打开一个 MP4 文件并播放了。

▶▶ 9.2.2　显示播放进度、时间和剩余时间及控制进度

在文件播放的过程中，往往需要实时看到播放进度的变化，以及当前播放时间和剩余时间，要实现这个功能就需要定时更新进度值以及时间显示文字，在 PyMe 中内置的定时器（Timer）组件就用来完成定时处理事情的工作。下面将 Timer 组件拖动到窗体中，可以看到在右下角的属性栏中显示定时器的时间间隔是 1000 毫秒，也就是 1 秒触发一次，绑定控件为 Form_1（见图 9-12）。

进入定时器的回调函数，编写相应代码。

● 图 9-12 定时器设置

```
#由 PyMe 生成的定时器回调函数
def Timer_10_onTimer(uiName,widgetName):
    #获取一下 VideoPlayer 组件
    videoPlayer = Fun.GetElement('MP4Player','VideoPlayer_5')
    #对影片的时长进行取整+1,作为总的时长
    duration = int(videoPlayer.GetDuration())+1
    #对影片的当前时间进行取整+1,作为当前的时间进度值
    currTime = int(videoPlayer.GetCurrTime())+1
    if currTime:
        #首先将当前时间设置为滑动条 Scale_4 的当前位置
        Fun.SetCurrentValue('MP4Player','Scale_4',currTime)
        #计算当前时间的分钟和秒数,以及剩余时间的分钟和秒数
        Minute = currTime//60
        Second = currTime - (Minute * 60)
        if Minute < 10:
            Minute = str('0%d'%Minute)
        else:
            Minute = str(Minute)
        if Second < 10:
            Second = str('0%d'%Second)
        else:
            Second = str(Second)
        #按照"分钟:秒数"的格式显示在左边的文本 Label_6 上
        Text = str("%s:%s"%(Minute,Second))
        Fun.SetText('MP4Player','Label_6',Text)
```

```
Minute2 = duration//60
Second2 = duration - (Minute2 * 60)
if Minute2 < 10:
    Minute2 = str('0%d'%Minute2)
else:
    Minute2 = str(Minute2)
if Second2 < 10:
    Second2 = str('0%d'%Second2)
else:
    Second2 = str(Second2)
#按照"分钟:秒数"的格式显示在右边的文本 Label_7 上
Text2 = str("%s:%s"%(Minute2,Second2))
Fun.SetText('MP4Player','Label_7',Text2)
if duration == currTime:
    return
```

默认情况下，定时器是没有启动的，需要手动在播放文件的代码结尾处加入以下两行。

```
#获取计时器并启动
timer = Fun.GetElement(uiName,'Timer_10')
    timer.Start()
```

运行一下，可以看到 MP4 播放过程中进度条和时间信息的显示（见图 9-13）。

● 图 9-13　播放器播放视频

如果想在影片的观看过程中能够通过拖动滑动条按钮随时对进度进行控制，可以用鼠标选中滑动条，并右键单击，在弹出的"事件响应"菜单项中为滑动条的 Command 事件编辑响应函数。

```
#滑动条 Scale_4 的当前值变化响应函数
def Scale_4_onCommand(value,uiName,widgetName):
    #先取得视频播放器组件对象
    videoPlayer = Fun.GetElement(uiName,'VideoPlayer_5')
    #这里加一个处理,因为定时器会用当前时间值更改滑动条当前值,所以这里只对不等于当前时间值的变化进行
视频的进度调整
    currTime = int(videoPlayer.GetCurrTime())+1
    if currTime != int(value):
        videoPlayer.SetCurrTime(int(value))
```

这样就可以随时拖动滑动条的滑块来调整视频进度了。

▶▶ 9.2.3　切换暂停与播放的三态按钮

在上一章的五子棋工程项目中学习了如何为一个图形绑定事件,这里想要处理按钮按下的三态变化,只需要为图形绑定鼠标事件就可以了。在 Form_1 上用鼠标右键单击,在弹出菜单中选择 Load 事件,并进入函数编辑区,编写以下代码。

```
def Form_1_onLoad(uiName):
    #为 Form_1 上的 image_8 图形绑定鼠标进入图形上的事件回调函数
    Fun.BindShapeEvent_CallFunction(uiName,"Form_1","image_8","MouseEnter","image_8",
Form_1_image_8_onMouseEnter)
    #为 Form_1 上的 image_8 图形绑定鼠标移出图形上的事件回调函数
    Fun.BindShapeEvent_CallFunction(uiName,"Form_1","image_8","MouseLeave","image_8",
Form_1_image_8_onMouseLeave)
    #为 Form_1 上的 image_8 图形绑定鼠标单击图形上的事件回调函数
    Fun.BindShapeEvent_CallFunction(uiName,"Form_1","image_8","ButtonDown","image_8",
Form_1_image_8_onButtonDown)
    #为 Form_1 上的 image_8 图形绑定鼠标在图形上松开事件回调函数
    Fun.BindShapeEvent_CallFunction(uiName,"Form_1","image_8","ButtonUp","image_8",Form
_1_image_8_onButtonUp)
```

有了这 4 句函数绑定事件的代码,还需要实现对应的 4 个函数。

```
#鼠标进入图形上的事件回调函数
def Form_1_image_8_onMouseEnter(event,uiName,widgetName):
    #先取得 VideoPlayer 组件对象
    videoPlayer = Fun.GetElement(uiName,'VideoPlayer_5')
    #判断是否处于播放状态,选择使用暂停或播放状态的套图。
    if videoPlayer.IsPause() == True:
        #如果 MP4 在播放中,使用暂停状态的 Pause_MouseEnter.png 图片
        Fun.SetShapeImage(uiName,"Form_1","image_8","Pause_MouseEnter.png")
    else:
        #如果 MP4 暂停,使用播放状态中的 Play_MouseEnter.png 图片
        Fun.SetShapeImage(uiName,"Form_1","image_8","Play_MouseEnter.png")
#鼠标移出图形上的事件回调函数,恢复到原始图片
def Form_1_image_8_onMouseLeave(event,uiName,widgetName):
    videoPlayer = Fun.GetElement(uiName,'VideoPlayer_5')
    if videoPlayer.IsPause() == True:
        Fun.SetShapeImage(uiName,"Form_1","image_8","Pause.png")
    else:
```

```
        Fun.SetShapeImage(uiName,"Form_1","image_8","Play.png")
#鼠标在图形上按下的事件回调函数,设置选择鼠标按下状态图片
def Form_1_image_8_onButtonDown(event,uiName,widgetName):
    videoPlayer = Fun.GetElement(uiName,'VideoPlayer_5')
    if videoPlayer.IsPause() == True:
        #如果当前是播放状态,调用 Pause 函数暂停播放并设置按钮图片为 Pause_ButtonDown.png
        videoPlayer.pause()
        Fun.SetShapeImage(uiName,"Form_1","image_8","Pause_ButtonDown.png")
    else:
        #如果当前是暂停状态,调用 Resume 函数继续播放并设置按钮图片为 Play_ButtonDown.png
        videoPlayer.Resume()
        Fun.SetShapeImage(uiName,"Form_1","image_8","Play_ButtonDown.png")
#鼠标在图形上松开的事件回调函数,恢复到鼠标移进图形时的图片
def Form_1_image_8_onButtonUp(event,uiName,widgetName):
    videoPlayer = Fun.GetElement(uiName,'VideoPlayer_5')
    if videoPlayer.IsPause() == True:
        Fun.SetShapeImage(uiName,"Form_1","image_8","Pause_MouseEnter.png")
    else:
        Fun.SetShapeImage(uiName,"Form_1","image_8","Play_MouseEnter.png")
```

完成这些代码就可以使图片响应鼠标事件时显示出相应的动态效果了。

▶▶ 9.2.4　小喇叭图片按钮与音量控制

小喇叭图片的切换也可以参考上面的图片按钮处理逻辑,在 Form_1_onLoad 中为小喇叭图片 image_2 绑定单击事件函数。也可以直接用鼠标选中小喇叭图片,然后右键单击,在弹出的菜单中选择"设置鼠标事件"下的子菜单"鼠标按下事件"的"进入函数代码"菜单项(见图9-14)。

● 图 9-14　为喇叭图标创建鼠标按下事件的回调函数

进入 Form_1_image_2_onButtonDown 函数，在这个函数里加入以下代码。

```
#单击小喇叭图片 image_2 时的回调函数
def Form_1_image_2_onButtonDown(event,uiName,widgetName):
    #取得 videoPlayer 组件
    videoPlayer = Fun.GetElement(uiName,'VideoPlayer_5')
    #如果当前不在静音状态,设置为静音并更换图片为静音状态图片
    if videoPlayer.IsMute() == False:
        videoPlayer.Mute()
        Fun.SetShapeImage(uiName,"Form_1","image_2","volume_close.png")
    else:
        #如果在静音状态,就恢复原来的音量并更换图片为正常状态图片
        videoPlayer.Restore()
        Fun.SetShapeImage(uiName,"Form_1","image_2","volume.png")
```

完成了单击小喇叭切换静音和恢复静音的处理后，还需要再加上对音量控制的处理，返回设计视图，选中旁边的进度条，用鼠标右键单击，选择"事件响应"菜单项。因为需求是用鼠标单击进度条时，能纵向地通过鼠标在进度条中单击处的 y 值计算占纵向进度条高度百分比值，并使用这个高度百分比值作为音量的大小，同时支持鼠标按下状态移动进行调整，所以要为两个事件进行代码编辑，分别是 **Button-1** 事件（见图 9-15）和 **B1-Motion** 事件。

● 图 9-15 为音量滚动条控件绑定鼠标按下和鼠标按下拖动的事件函数

```
#鼠标单击 Progress_9 时的事件回调函数
def Progress_9_onButton1(event,uiName,widgetName):
    #获取进度条
    progress = Fun.GetElement(uiName,widgetName)
    #取得进度条的窗口位置大小
    xywh = Fun.GetElementXYWH(uiName,widgetName)
```

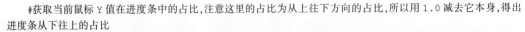

```
#获取当前鼠标 Y 值在进度条中的占比,注意这里的占比为从上往下方向的占比,所以用 1.0 减去它本身,得出
进度条从下往上的占比
py = 1.0-event.y/xywh[3]
#赋值给进度条,显示当前音量
Fun.SetCurrentValue(uiName,widgetName,int(py* 100))
#取得当前的 VideoPlayer 组件对象
videoPlayer = Fun.GetElement('MP4Player','VideoPlayer_5')
#设置音量
videoPlayer.SetVolume(py)
#鼠标在 Progress_9 上按下状态移动的事件回调函数
def Progress_9_onButton1Motion(event,uiName,widgetName):
    #直接调用单击事件的响应函数
    Progress_9_onButton1(event,uiName,widgetName)
```

完成了进度条控制的部分,还需要在单击小喇叭进入静音状态时隐藏滚动条,在单击小喇叭图片的函数中加入对进度条的隐藏和显示处理。

```
#如果当前不在静音状态,设置为静音并隐藏音量控制进度条
if videoPlayer.IsMute() == False:
    ...
    Fun.SetElementVisible(uiName,"Progress_9",False)
else:
    ...
    #恢复声音并显示音量控制进度条
    Fun.SetElementVisible(uiName,"Progress_9",True)
```

这里要理解画布上的图形并不是控件,只是一个图形,而音量调节所用到的滚动条是一个标准控件,它们的事件和编辑方法是不同的。

▶▶ 9.2.5 窗口最大化与最小化到系统托盘处理

在使用视频播放器播放视频时,经常会需要最大化、最小化及恢复窗体的操作,除了一般的窗口标题栏按钮之外,为了方便,往往希望双击屏幕就能够实现窗口的最大化,再次双击就恢复原始大小,并能够将播放器最小化到操作系统右下角的系统托盘区里,在本节将介绍这些功能是如何实现的。

为了窗体美观,窗体 Form_1 没有使用标题栏,但仍然需要有最小化、最大化及关闭窗口的按钮,在这一节将使用图形和事件来制作按钮,首先需要准备 4 张按钮图片(见图 9-16)。

● 图 9-16 窗口状态按钮图片

虽然有 4 张图片,但同一时间,只需要显示 3 张,因为 max.png 和 restore.png 分别对应普通窗口和最大化状态下的按钮显示。

通过绘画工具条,将最小化(min.png)、最大化(max.png)和关闭按钮(close.png)3 张图片放

置到 Form_1 的右上角作为按钮（见图9-17），具体实现方法在后面逻辑部分再做讲解。

● 图 9-17　在右上角加入窗口状态控制按钮

1. 最小化窗口与系统托盘

用户希望在单击最小化按钮时，窗口能够变成系统任务栏的图标，需要为窗口增加系统托盘的处理，在 PyMe 中支持为窗口直接编辑系统托盘单项。选中 Form_1，在右下角的属性栏中选择"系统托盘"选项，将会进入"系统托盘菜单编辑区"对话框，在这个对话框中可以为当前窗体设置所使用的系统托盘菜单（见图9-18）。

● 图 9-18　设置系统托盘菜单

通过这个菜单编辑区来编辑系统托盘的菜单，默认情况下会增加一个退出项来保证最小化后可以退出程序，开发者可以根据需要增加其他的功能菜单项。在编辑好系统托盘菜单后运行一下，将会看到在系统托盘区出现一个当前程序的图标（见图 9-19），用鼠标左键单击该图标会弹出视频播放器窗口，用鼠标右键单击该图标则弹出"退出"菜单项。

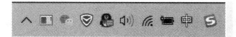

● 图 9-19 运行后，会有一个图标显示在系统托盘

完成这部分后，在 Form_1 的右上角选中最小化按钮图片，并为它绑定一个鼠标单击事件的函数（见图 9-20）。

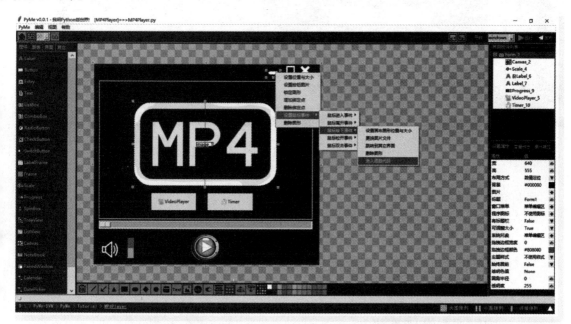

● 图 9-20 为最小化窗口图片按钮创建鼠标按下的回调函数

在函数中调用 Fun 库来隐藏窗口。

```
#最小化按钮图标响应的函数
def Form_1_image_3_onButtonDown(event,uiName,widgetName):
    #因为在系统托盘里有程序图标,所以这里的最小化处理只需要调用 Fun 函数库的 HideUI 函数隐藏窗口即可
    Fun.HideUI(uiName)
```

2. 最大化窗口和恢复窗口的处理

与最小化不同，最大化处理涉及最大化窗口和还原窗口状态，所以这里需要能对两种状态进行切换并更换相应的按钮图片。为了能够在两种状态下切换，需要创建一个变量来记录状态值，先在 Form_1_onLoad 函数中为 Form_1 增加一个用户变量 Maximize，默认值为 0，代表当前处于普通窗口状态。

```
Fun.AddUserData(uiName,'Form_1','Maximize','int',0)
```

有了这个状态变量后就可以在相应的响应函数中取得这个变量值并进行窗口的最大化和恢复设置。按照上面最小化窗口的处理方法，为最大化窗口的图片按钮增加鼠标单击响应事件（见图 9-21）。

● 图 9-21 为最大化窗口图片按钮创建鼠标按下的回调函数

```
#最大化按钮图标响应的函数
def Form_1_image_4_onButtonDown(event,uiName,widgetName):
    #取得标记窗口最大化的变量
    Maximize = Fun.GetUserData(uiName,'Form_1','Maximize')
    #如果当前是普通窗口状态
    if Maximize == 0:
        #调用 Fun 函数库下的 MaximizeUI 对当前窗口最大化处理
        Fun.MaximizeUI(uiName)
        #设置标记窗口最大化的变量为 1
        Fun.SetUserData(uiName,'Form_1','Maximize',1)
        #更换一下按钮图片为还原图片
        Fun.SetShapeImage(uiName,"Form_1","image_4","restore.png")
    else:
        #如果当前窗口是最大化状态,这里调用 Fun 函数库的 RestoreUI 还原窗口
        Fun.RestoreUI(uiName)
        #设置标记窗口最大化的变量为 0
        Fun.SetUserData(uiName,'Form_1','Maximize',0)
        #更换一下按钮图片为最大化图片
        Fun.SetShapeImage(uiName,"Form_1","image_4","max.png")
```

除了通过图片按钮来实现最大化外，还需要支持在双击画布时能够实现最大化和恢复的切换。回到设计视图选中当前的画布 Canvas_2，右键单击，在弹出的事件响应处理编辑框左边的事件列表框选择 Double-Button-1 事件后单击"编辑函数代码"按钮，为画布 Canvas_2 的鼠标双击事件增加事件响应函数（见图 9-22）。

● 图 9-22 为画布控件创建鼠标双击的回调函数

```
def Canvas_2_onDoubleButton1(event,uiName,widgetName):
    #在这里直接调用最大化按钮的响应函数即可。
    Form_1_image_4_onButtonDown(event,uiName,widgetName)
```

通过以上的代码就可以完成窗口最大化和恢复的功能，但是窗口最大化后还需要对各个控件进行位置调整，保证它们在最大化窗口中处于正确的位置。在设计视图中对 Form_1 进行鼠标右键单击，在弹出的菜单中选择"事件响应"菜单项，进入消息响应处理编辑区，在左边的事件列表中找到 Configure 事件，这个事件代表当对控件和窗体的位置大小进行更改时触发（见图9-23），单击"编辑函数

● 图 9-23 为 Form_1 增加 Configure 事件的回调函数

代码"按钮进入它的函数。

在函数中编写如下代码。

```
#Form_1 的窗口变化事件响应函数
def Form_1_onConfigure(event,uiName,widgetName):
    #取得窗体上的控件
    Canvas_2 = Fun.GetElement(uiName,'Canvas_2')
    Scale_4 = Fun.GetElement(uiName,'Scale_4')
    Label_6 = Fun.GetElement(uiName,'Label_6')
    Label_7 = Fun.GetElement(uiName,'Label_7')
    Progress_9 = Fun.GetElement(uiName,'Progress_9')
    #根据 event 中的 width 和 height 值设置各控件的绝对位置
    Canvas_2.place(x = 0,y = 36,width = event.width,height = event.height - 156)
    Scale_4.place(x = 0,y = event.height - 120,width = event.width,height = 20)
    Label_6.place(x = 0,y = event.height - 100,width = 120,height = 30)
    Label_7.place(x = event.width-120,y = event.height - 100,width = 120,height = 30)
    Progress_10.place(x = 96,y = event.height - 75,width = 18,height = 57)
    #设置播放按钮图片的位置及大小
    Fun.SetShapeRect(uiName,'Form_1','image_8',(event.width //2 - 40),
(event.height-90),(event.width //2 + 40),(event.height-10))
    #设置小喇叭图片的位置及大小
    Fun.SetShapeRect(uiName,'Form_1','image_2',22,(event.height-70),70,(event.height-22))
    #设置最小化\最大化和关闭按钮的位置
    Fun.SetShapeRect(uiName,'Form_1','image_3',event.width-108,4,event.width-76,36)
    Fun.SetShapeRect(uiName,'Form_1','image_4',event.width-74,4,event.width-42,36)
    Fun.SetShapeRect(uiName,'Form_1','image_5',event.width-40,4,event.width-8,36)
    #如果画布中间的 LOGO 图存在,调用 SetShapeRect 进行图形位置大小设置
    if Fun.GetShapeImage(uiName,'Canvas_2','image_1') != None:
        Fun.SetShapeRect(uiName,'Canvas_2','image_1',(event.width //2 - 202),
(event.height//2-115),(event.width //2 + 202),(event.height//2+115))
```

经过这样的处理后,现在各控件和图形的位置及大小都可以适应窗口在不同状态下的表现效果了。

3. 关闭窗口处理

最后再按之前的方式为关闭图片按钮增加函数响应处理,在这里因为使用到系统托盘,所以 **PyMe** 会自动增加系统托盘"退出"菜单项的响应函数,只需要在这里调用一下即可,不过一般关闭应用程序最好先询问一下。

```
def Form_1_image_5_onButtonDown(event,uiName,widgetName):
    if Fun.AskBox(title='关闭提示',text='是否要关闭播放器?') == True:
        Menu_退出(uiName,None)
```

以上就是整个视频播放器软件的开发过程了,运行结果见图 9-24。

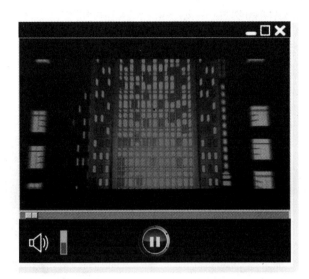

● 图 9-24 完成后的播放器播放视频

9.3 实战练习：摄像头人脸识别工具

在本章的案例工程中，开发者了解到了视频组件的使用，并了解了 PyMe 中的许多内置组件。在实战练习中将尝试用摄像头（VideoCapture）组件来开发一个人脸识别工具软件。这个工具软件共包括 3 项功能：1）启动摄像头，把画面渲染到画布上；2）开启人脸识别；3）截图保存。下面来简单说明。

依据功能需求，界面简单做成下面的样子，左边是一个画布，用于显示画面，右边排列 3 个功能按钮（见图 9-25）。

● 图 9-25 摄像头人脸识别应用软件设计图

本实战项目主要会用到摄像头组件，从组件工具条拖动创建出一个摄像头组件后，在右边的元件树中选择它，将画布控件设置拖动到组件的"界面控件"属性栏中进行绑定，这样摄像头捕捉的图像就可以渲染到画布上了（见图 9-26）。

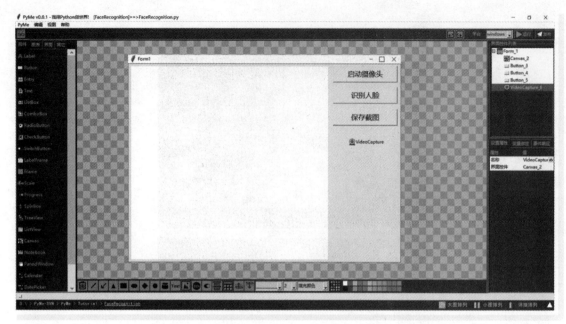

● 图 9-26　在 PyMe 中制作人脸识别应用软件界面

那如何开启摄像头进行图像捕捉呢？这个就需要了解摄像头组件的内置功能方法了，表 9-3 列举了它的函数方法，大家可以参考后完成本节的实训练习。

表 9-3　摄像头组件的相关函数

函 数 名 称	功 能 说 明	参 数 说 明
StartCapture	启动摄像头进行视频录制	captureIndex：摄像头索引，如果只有一个，使用默认值 0 fps：捕捉帧率 format：输出的图像格式，一般有 rgb、rgba、gray、yuv、i420 等
Stop	停止捕捉	无
SetFps	设置捕捉帧率	fps：捕捉帧率
GetFps	取得捕捉帧率	无
SetImageFormat	设置图像格式	在这里可以设置输出的图像格式
GetImageFormat	取得图像格式	无
SaveImageToFile	进行截图保存	filePath：保存路径 callbackFunction：保存时调用的回调函数
SetCascadeDir	设置检测特征数据 xml 文件所在目录（主要用于人脸部件识别）	cascadeDir：检测特征数据 xml 文件所在目录
AddDetector	增加检测条件	detectorName：脸部部位类型名称 xmlfile：对应的特征数据 xml 文件
DelDetector	删除检测条件	detectorName：脸部部位类型名称
SetDetectorParam	调整检测参数	detectorName：脸部部位类型名称 paramName：参数名称 paramValue：参数值

后面 4 个函数方法主要用于人脸识别，需要用到 OpenCV 的人脸识别文件（见图 9-27），如 haar-cascade_frontalface_default.xml。

名称	修改日期	类型	大小
haarcascade_eye.xml	2022/7/7 18:23	XML 文档	334 KB
haarcascade_eye_tree_eyeglasses.xml	2022/7/7 18:23	XML 文档	588 KB
haarcascade_frontalcatface.xml	2022/7/7 18:23	XML 文档	402 KB
haarcascade_frontalcatface_extended.xml	2022/7/7 18:23	XML 文档	374 KB
haarcascade_frontalface_alt.xml	2022/7/7 18:23	XML 文档	661 KB
haarcascade_frontalface_alt_tree.xml	2022/7/7 18:23	XML 文档	2,627 KB
haarcascade_frontalface_alt2.xml	2022/7/7 18:23	XML 文档	528 KB
haarcascade_frontalface_default.xml	2022/7/7 18:23	XML 文档	909 KB
haarcascade_fullbody.xml	2022/7/7 18:23	XML 文档	466 KB
haarcascade_lefteye_2splits.xml	2022/7/7 18:23	XML 文档	191 KB
haarcascade_licence_plate_rus_16stages.xml	2022/7/7 18:23	XML 文档	47 KB
haarcascade_lowerbody.xml	2022/7/7 18:23	XML 文档	387 KB
haarcascade_profileface.xml	2022/7/7 18:23	XML 文档	810 KB
haarcascade_righteye_2splits.xml	2022/7/7 18:23	XML 文档	192 KB
haarcascade_russian_plate_number.xml	2022/7/7 18:23	XML 文档	74 KB
haarcascade_smile.xml	2022/7/7 18:23	XML 文档	185 KB
haarcascade_upperbody.xml	2022/7/7 18:23	XML 文档	768 KB

● 图 9-27　人脸识别的数据集

具体在使用时设置好对应的目录，增加一个部件检测条件就可以了。

```
videoCapture = Fun.GetElement(uiName,'VideoCapture_3')
videoCapture.SetCascadesDir("D:\\PyMe\\Project74\\Resources\\haarcascades")
videoCapture.AddDetection()
```

最终的运行效果见图 9-28。

● 图 9-28　人脸识别结果

CHAPTER 10

第 10 章

数据库与图表组件——
学院管理系统

数据库应用是软件开发中一个重要的方向，在生活中有大量的应用实例，一般面向用户的数据库应用软件需要提供良好的界面，从而更好地对数据库进行增删查改和图表展现，其中会用到数据表格和各类数据图表。在本章，读者将学习如何创建一个经典的框架界面结构，并使用 PyMe 中的数据库组件对数据表进行访问和操作，使其能够与界面控件配合完成常用的数据库功能，在这个过程中还会使用 PyMe 中的图表来为数据表进行图表展现。

10.1 学院管理系统的界面设计

多数据表的综合型数据管理系统往往包含对多个数据表的显示和管理（也就是增删查改），会涉及较多的界面和功能，要在一个系统里做好界面的编排、数据表的设计以及数据列表的显示，前期的方案设计工作就非常重要了，下面来一步步梳理。

▶▶ 10.1.1 学院管理系统的方案设计

设计一个在线课程的学院管理系统，需要包括以下几个功能需求。

1）首先是系统的登录界面，可以对管理员的账号进行验证登录。

2）验证成功后进入系统管理页，在管理页面要对数据库管理的几个方面（班级管理、学生管理、课程管理、成绩管理等）进行罗列，提供访问入口。

3）对每个方面进行数据表的展现和管理（限于篇幅，只设计录入，不再对删除、修改进行说明，读者可自行扩展）。

1. 学院管理系统的界面设计

基于上述功能说明，下面来设计出每一个页面草图。

首先是登录界面（见图 10-1）。

● 图 10-1 登录界面草图

登录成功后进入系统的管理界面，因为功能项目较多，在这里借鉴一些常见的数据库管理系统排版方式，使用分割窗体把各个部分的访问入口罗列在左边，而右边用于展现具体的数据表（见图 10-2）。

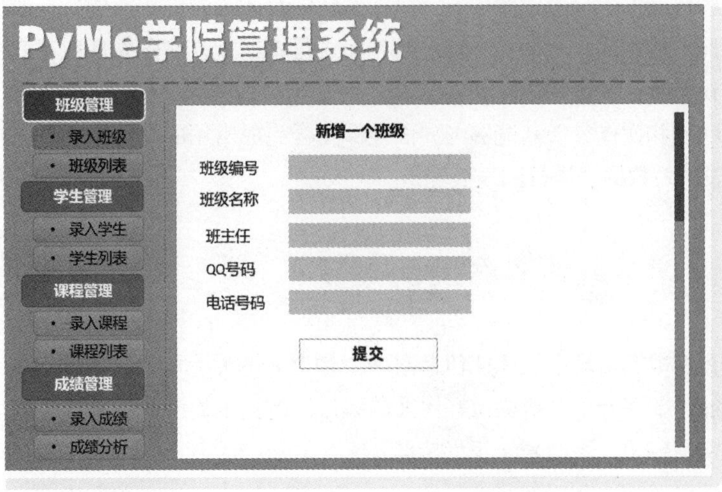

● 图 10-2 录入班级界面草图

一般来说，有一定层次关系的数据项展示，可以使用树控件或者菜单的形式，但在 PyMe 中还有一个级联菜单（ListMenu）控件，专门用于展现具备两级层次的数据项，设计 4 个一级菜单标题："班级管理""学生管理""课程管理""成绩管理"，关将录入信息与列表展现的部分作为二级菜单。

首先单击"班级管理"可以展开两个子菜单选项："录入班级"和"班级列表"，比如单击"录入班级"进入输入信息页提交新增的班级信息。然后单击"班级列表"，可以在右边看到班级的名称、班号、班主任信息列表（见图 10-3）。

● 图 10-3 班级列表界面草图

其他 3 个菜单标题下也同样有两个子菜单选项用于展示相应的录入功能和信息列表，基本形式一致，可参考图 10-4。

2. 学院管理系统的流程说明

系统的功能比较多，但各部分的展现类似，流程如图 10-5 所示。

● 图 10-4　学生列表界面草图

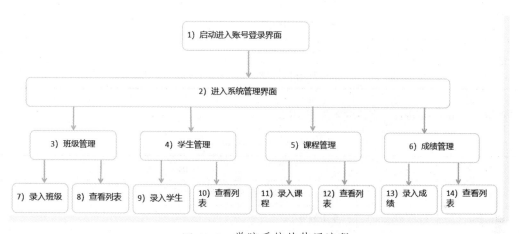

● 图 10-5　学院系统的使用流程

3. 学院管理系统的逻辑方案

上面的流程说明图从上到下分为 4 层。

第一层是启动时进入账号登录界面，因为前面有同样的案例讲解，所以这部分的逻辑开发就仿照之前即可。

第二层为系统管理页面的展现，主要是通过分割窗体将界面分区展现出来。

第三层为各个部分的管理访问入口处理，在界面的展现上，PyMe 中的级联菜单（ListMenu）控件提供了相应的层次展现，在菜单项被单击后的回调函数中对系统管理页右边区域进行指定界面加载即可。

第四层为各个数据表功能界面的开发，主要是对数据库中数据表的录入和显示，可以手动编写数据库的处理逻辑和界面控件的展现逻辑，本例使用 PyMe 提供的数据库组件来辅助处理数据表与控件相关逻辑即可。

▶▶ 10.1.2　数据库表的创建

想要在软件中访问和操作数据库中的表，首先需要有数据库和相应的数据表，一般数据库系统开发常用到的数据库有 SQLite、MySQL 和 SQLServer，在第 3 章中介绍并学习了 SQLite 数据库的基本操作。在本例中将以 Windows 系统下常用的 SQLServer 数据库作为示例来进行相关数据表的创建，开发者可以比较容易地将表结构在其他数据库中复现。

本案例总共用到 4 个表格，依次如下。

1）班级表 pymeclass，字段说明如表 10-1 所示。

表 10-1　班级表 pymeclass

字　段　名	数 据 类 型	说　　　明
id	int	主键，自动递增，用于作为唯一索引
classid	nvarchar（50）	班级编号
classname	nvarchar（50）	班级名称
classteacher	nvarchar（50）	班主任老师名称
qq	nvarchar（20）	班主任老师 QQ 号
phone	nvarchar（20）	班主任老师手机号
classdate	datetime	班级创建时间，设置填表日期 getdate（）为默认值

2）学生表 pymestudent，字段说明如表 10-2 所示。

表 10-2　学生表 pymestudent

字　段　名	数 据 类 型	说　　　明
id	int	主键，自动递增，用于作为唯一索引
studentno	nvarchar（50）	学生编号
studentname	nvarchar（50）	学生名称
qq	nvarchar（20）	学生 QQ 号
phone	nvarchar（20）	学生的手机号
classid	int	所属班级的唯一索引

3）课程表 pymecourse 字段说明如表 10-3 所示。

表 10-3　课程表 pymecourse

字　段　名	数 据 类 型	说　　　明
id	int	主键，自动递增，用于作为唯一索引
courseno	nvarchar（50）	课程编号
coursename	nvarchar（50）	课程名称
teachername	nvarchar（50）	课程老师
classid	int	所属班级的唯一索引

4）成绩表 pymeresult，字段说明如表 10-4 所示。

表 10-4　成绩表 pymeresult

字 段 名	数据类型	说　　明
id	int	主键，自动递增，用于作为唯一索引
studentid	int	学生唯一索引
courseid	int	课程唯一索引
courseresult	int	课程结果数值

基于以上的字段表在 SQL Server 中依次建立相应的数据表，见图 10-6。

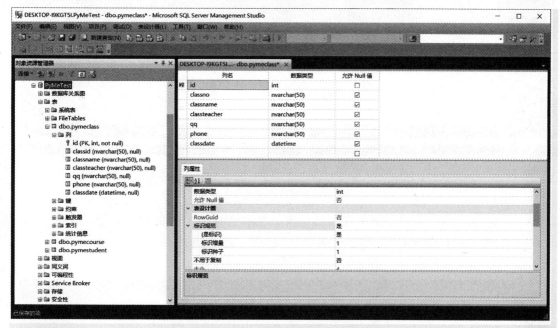

● 图 10-6　在 SQL Server 中创建 pymeclass 表

这 4 个表比较简单，在实际的管理系统开发中，开发者可以结合自己的需要去进行数据库的设计，关键是理解各个表之间的关系以及如何在 Python 中通过界面操作完成对应的数据表操作。

▶▶ 10.1.3　制作学院管理系统界面

本案例的界面比较多，但主要分为登录界面、管理界面和具体功能页 3 个部分，开发者可以参考之前第 3 章中的内容来设计第一个界面用于登录，这里不再赘述。本节重点进行管理界面和具体功能页两部分的讲解。

1. 项目创建与主窗体设置

启动 PyMe，在综合管理界面选择"空白"项目模板，输入 SchoolMS 作为项目名称。创建完成后，依照设计草图新建一个窗体 FrameWindow，将窗体 Form_1 的布局属性改为"打包排布"方式。然后拖入一个 Frame 容器和一个 PanedWindow 分割窗体，将两个控件在下方布局栏里的布局方式也改为

"打包排布"和"向上停靠",但注意将 Frame 容器的填充改为"横向",设置高为 120 像素,作为顶部容器,将 PanedWindow 的填充改为"四周",并调整分割条在靠近左边一些的地方(见图 10-7)。

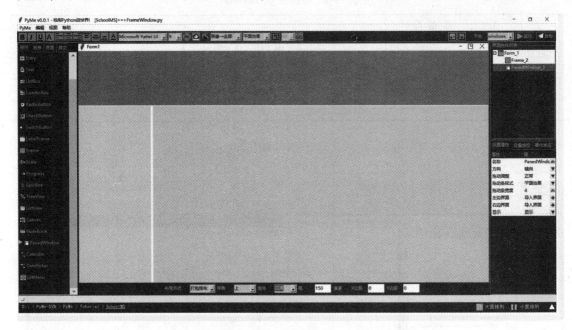

● 图 10-7　使用分割窗体作为系统主管理框架界面

下面分别为这 3 个区域指定要导入的界面,在资源视图中创建两个窗体:TopWindow 和 LeftWindow,然后将 TopWindow 设计成一个简单的标题展示面板(见图 10-8)。

● 图 10-8　作为顶部标题的界面

在 LeftWindow 中从工具条面板的最下方拖动一个级联菜单（ListMenu）控件到窗体，作为按钮导航条（见图 10-9）。

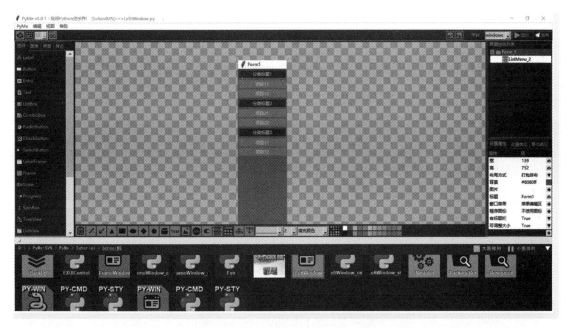

● 图 10-9 使用级联菜单控件制作左边导航条的界面

有了这两个窗体，返回窗体 FrameWindow，为顶部的 Frame 单击"导入界面"属性，选择 TopWindow 窗体文件，并为 PanedWindow 分割窗体的"左边窗体"属性选择 LeftWindow 窗体文件。运行后就可以看到如图 10-10 所示的效果。

● 图 10-10 基于分割窗体的主框架运行效果

这样一个简单的管理系统框架界面就搭建起来了，下面来学习一下如何对左边的功能级联菜单控件进行设置。

2. 级联菜单控件：级联菜单（ListMenu）控件的使用

级联菜单控件是 PyMe 中内置的一种用于多分类选项处理的控件，它有一些类似菜单，又有点像树控件，它可以纵向展开和收缩标题按钮以显示其包含的子按钮项，在一些管理系统软件中经常作为一种页面导航控件。

在 PyMe 中，级联菜单控件只设计了两层结构，分别是"标题栏"和"菜单项"，标题栏其实就是顶层菜单项，菜单项是标题栏的子菜单项，级联菜单控件有以下的主要可编辑属性项。

- 标题栏背景色：顶层菜单项的背景色。
- 标题栏文字色：顶层菜单项的文字颜色。
- 标题栏字体：顶层菜单项的文字字体。
- 标题栏背景图：顶层菜单项的背景图片。
- 菜单项背景色：子菜单项的背景色。
- 菜单项文字色：子菜单项的文字颜色。
- 菜单项字体：子菜单项的文字字体
- 菜单项背景图：子菜单项的背景图片。
- 进行数据编辑：单击后弹出级联菜单的数据编辑对话框，类似菜单的编辑对话框，可以对标题和菜单项进行增删和设置信息。"导入文件"编辑框用于设置单击标题或子菜单时触发的响应函数参数数值，主要用来获取作为进行页面跳转的目标地址，如果不需要具体的文件名，也可以输入一个自定义的字符串。按照本例的界面设计草图，设置 4 个标题栏：班级管理、学生管理、课程管理、成绩管理，并在其下各增加两个菜单项用于录入数据和显示数据列表（见图 10-11）。

• 图 10-11　数据编辑区对话框

在创建级联菜单控件后，在界面的 LeftWindow_cmd 文件中会出现单击标题或子菜单时触发的响应函数。itemText 参数为单击的标题栏或菜单项文字，itemValue 为目标地址或自定义字符串。

```python
def ListMenu_2_onItemSelect(uiName,widgetName,itemText,itemValue):
    if itemValue != "":
        #调用 Fun 函数库中的 LoadUIDialog 为"FrameWindow"分割窗体的子窗体加载目标页面。
        Fun.LoadUIDialog("FrameWindow","PanedWindow_3_child2",itemValue)
```

3. 各子窗体功能界面的创建

在当前工程目录的资源视图中右键单击，在弹出菜单中选择"新建目录"命令，创建一个目录 **AllPages**，用于存放所有菜单项对应的界面。双击 **AllPages** 目录图标，进入其中并为所有菜单项创建对应的界面。

- AddClass：录入班级信息的界面。
- ClassList：显示班级列表的界面。
- AddStudent：录入学生信息的界面。
- StudentList：显示学生列表的界面。
- AddCourse：录入课程信息的界面。
- CourseList：显示课程列表的界面。
- AddResult：录入成绩信息的界面。
- ResultList：显示成绩列表的界面。

在录入信息的界面中，按照数据表的字段，编排对应的输入控件，设计出相应的信息输入界面（见图 10-12）。

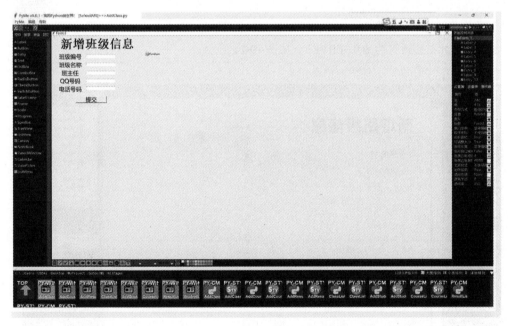

● 图 10-12　班级信息录入界面

在班级列表的界面中，主要使用列表视图 ListView 控件来进行数据表展示（见图 10-13）。

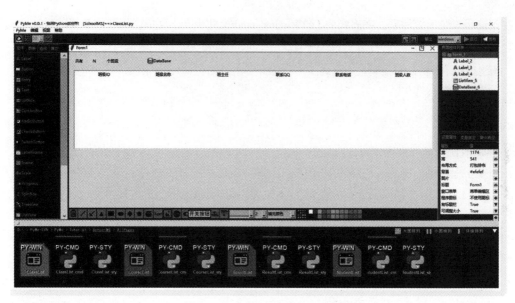

● 图 10-13 班级列表显示界面

完成这些界面的设计后，下面来了解一下数据库组件的使用和数据列表（ListView）控件。

4. 数据库操作：数据库（DataBase）组件的使用

在第 3 章中讲解了使用代码进行数据库访问和操作的方法，但在多数涉及数据库的项目中，最好是将数据库封装为一个组件，从而方便使用。**PyMe** 提供了一个数据库组件，可以用它快速与数据库进行连接，并调用 SQL 语句进行查询和操作。

从工具条"其他"中找到 DataBase 组件，拖动到界面上，这时就可以生成一个数据库组件，在属性栏中将其数据库类型设置为 SQLSERVER，如图 10-14 所示。

● 图 10-14 数据库组件

在选择当前数据库类型 SQLSERVER 后，输入服务器 IP 地址，本地的话就用 localhost，输入端口号、管理员账号和密码后，会自动连接数据库并罗列出数据库名称，然后选择当前需要访问的数据库 PyMeTest（见图 10-15），这时创建出来的数据库组件实例就可以帮助开发者对 PyMeTest 数据库进行访问和操作了。

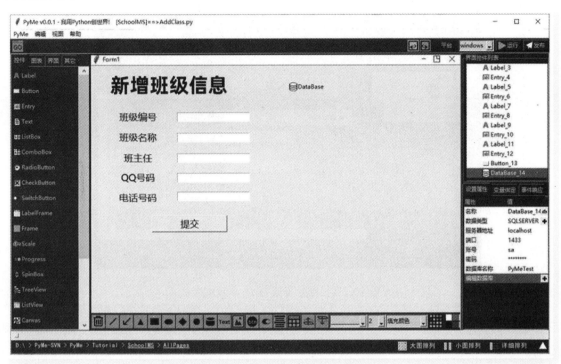

● 图 10-15　数据库组件的属性设置

在属性栏的最后一行，提供了一个数据库管理界面帮助开发者对当前数据库进行简单的表编辑和查看，开发者可以在弹出的对话框里对数据库进行表的创建、修改与删除，也可以执行 SQL（见图 10-16）。

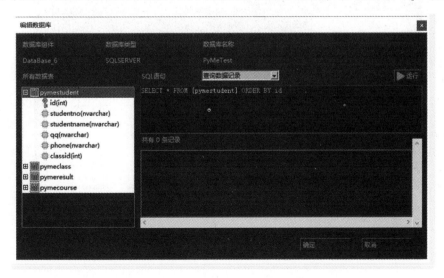

● 图 10-16　数据库组件的数据库编辑界面

表的创建可通过鼠标右键单击左边数据表的空白处，在弹出菜单里输入表名即可，默认会创建一个附带 id 自动递增 1 的主键表。创建完成后可以用鼠标右键单击表项，并在弹出的菜单中选择"增加数据表字段"命令来创建需要的字段类型（见图 10-17）。

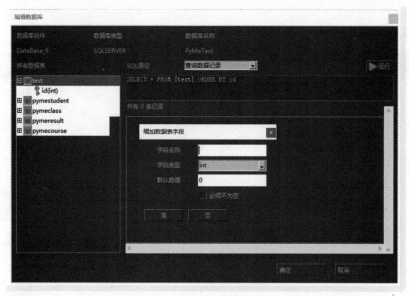

● 图 10-17　为数据表增加数据库字段

创建出的表和字段的删除也都可用右键单击对应的表数据项，在弹出菜单中单击相应菜单项完成处理。

如果希望查看表的数据，只需要选择对应的表项，保持 SQL 语句的操作为"查询数据记录"，然后单击右边的"运行"按钮，即可在右下方的数据区看到数据表的各行数据（见图 10-18）。

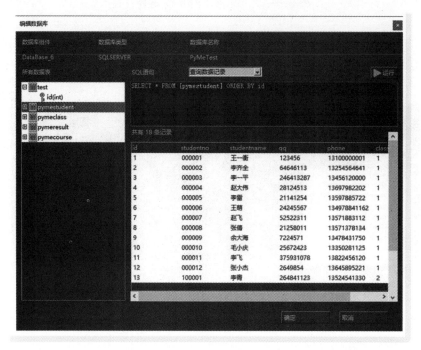

● 图 10-18　执行查询结果

SQL 语句的操作支持查询、修改和删除，可以根据需要进行选择并编辑运行。如果某个数据值需要修改，也只需要用鼠标右键单击数据列表的指定项，通过弹出菜单的"修改字段值"菜单项来进行修改，如果要删除某一行数据，则选择"删除数据记录"菜单项即可（见图 10-19）。

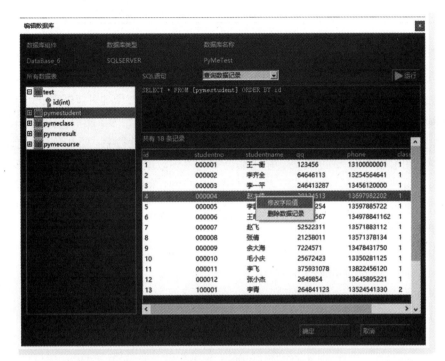

• 图 10-19 弹出菜单对字段值进行修改

这就是数据库编辑面板的使用方法，通过这个面板可以非常方便地配合数据库应用开发过程中的数据库操作和测试，但作为一个开发者还需要能够在代码中对数据库进行操作，在创建出数据库组件后，工程的 Fun 文件中会生成 DataBase 类，并提供以下的一些方法供开发者使用，具体说明见表 10-5。

表 10-5 数据库组件的函数

函 数 名 称	功 能 说 明	参 数 说 明
OpenSQLITE	连接 SQLITE 数据库	filename：可以指定数据库文件，如果使用 Noe，则从内存中创建数据库
OpenMYSQL	连接 MYSQL 数据库	ip：数据库服务器 IP 地址 port：数据库服务器的端口 user：数据库服务器的登录账号 password：数据库服务器的登录密码 database：默认的数据库名称
OpenSQLSERVER	连接 SQLSERVER 数据库	
CreateTable	创建数据表	tablename：数据表 fieldlist：字段信息列表
SQLQuery	调用 SQL 进行查询，返回记录集	sqlString：SQL 语句

（续）

函 数 名 称	功 能 说 明	参 数 说 明
SQLCMD	执行 SQL 命令，主要用于增删修改	sqlString：SQL 语句
DropTable	删除数据表	tablename：数据表

使用这些方法就可以在代码中对数据库进行操作了。

5. 数据表显示：数据列表（ListView）控件的使用

在显示信息列表的界面中用到了数据列表控件，这个控件可以方便地对数据表进行多行数据的展示，它在 Python 的内置界面库 tkinter 中与 TreeView 同属于一种控件，为了使用更加清晰，在 PyMe 中将其单独归为一个 ListView 控件，专注于数据表的展示。在它的属性栏中主要有以下一些属性。

- 列数据：用于编辑各个列的标题，单击后会弹出"列数据编辑"对话框，只需要输入相应的列名称，设置对齐方式和宽度后，单击"增加列"按钮即可增加相应的列。如果需要对某一列的信息进行修改，也只需要在左边的"列数据"列表框选中对应项，然后重新修改输入信息后单击"保存修改"按钮即可。
- 选中方式：支持单选和多选（Ctrl+鼠标）。
- 横向滚动条：横向添加滚动条支持。
- 纵向纵动条：纵向添加滚动条支持。

比如在 ClassList 界面中，使用一个 ListView 控件来展现所有的班级信息列表，列信息设置见图 10-20。

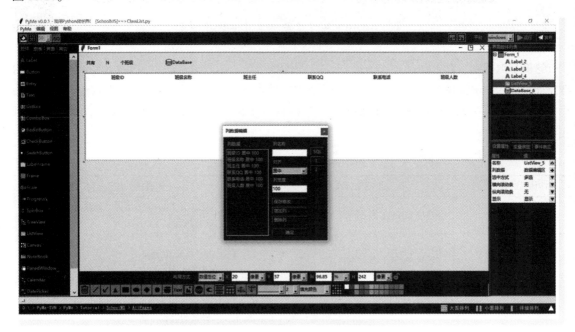

- 图 10-20　设定列表的列标题和宽度

如果当前界面有使用数据库组件，在"列数据编辑"对话框中的列名称右边会出现一个标记 SQL 的按钮，单击这个按钮，将可以选择以数据表中的某一字段数据集填充当前数据列表控件的列名称，

具体用法在后面讲解。

在 Fun 函数库中，与 ListView 相关的函数如表 10-6 所示。

表 10-6　ListView 的函数

函 数 名 称	功 能 说 明	参 数 说 明
AddRowText	增加新的行	uiName：界面类名称 elementName：TreeView 控件名称 rowIndex：行索引，默认为最末行' end ' values：各列的数组值元素 tag：自定义的行标记
GetRowTextList	取得指定行的各列文本	uiName：界面类名称 elementName：TreeView 控件名称 rowIndex：行索引
GetCellText	取得指定单元格的文字	uiName：界面类名称 elementName：TreeView 控件名称 rowIndex：行索引 columnIndex：列索引
SetCellText	设置指定单元格的文字	uiName：界面类名称 elementName：TreeView 控件名称 rowIndex：行索引 columnIndex：列索引 text：要设置的文字内容
DeleteRow	删除对应的行	uiName：界面类名称 elementName：TreeView 控件名称 rowIndex：行索引
DeleteAllRows	清空所有的行	uiName：界面类名称 elementName：TreeView 控件名称
CheckPickedRow	检测一个鼠标位置选中的行	uiName：界面类名称 elementName：TreeView 控件名称

通过这些函数，将可以在代码中方便地对数据列表内容进行处理。

6. 图表显示：MatplotLib 图表组件的使用

在对数据进行展示时，除了列表之外，图表是一种非常直观的方式，MatplotLib 是一个应用广泛的 Python 图形库，它内置了大量的图表来展示数据，在 PyMe 中也支持一些常见的 MatplotLib 图表。

单击工具条的第二项"图表"标签，可以看到以下的图表组件（见图 10-21）。

这里共有 10 个图表组件。

1）Scatter：散点图，用于表示一些散列的点分布。

2）Line：直线图，用于表示线条走向，反映线性趋势。

3）Curve：曲线图，用于表示线条走向，反映线性趋势，但更平滑。

4）Histogram：直方图，一般用于反映数据的分布状态。

5）Bar：条状图，用于分类数值表示，看起来与直方图有点像，但意义完全不同。

6）Box：箱线图，用来显示一组数据分散情况的统计图，它能显示一组数据的上界、下界、中位数、上下四分位等信息。

7）Pie：饼状图，主要显示一个分类集合中各个分类数额所占的比例。

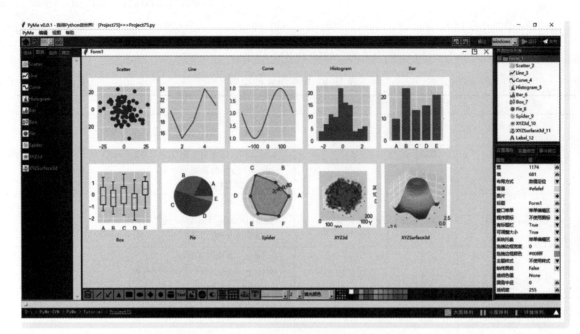

● 图 10-21　PyMe 中的数据图表组件

8）Spider：蜘蛛网图，也称雷达图，用于查看数据集中各分类的得分高低。

9）XYZ3d：3D 的散点图，表示一些 3D 散点的分布。

10）XYZSurface3d：3D 曲面图，用于展现 3D 数据集的曲面变化，可以形象直观地判断出变量 Y 和 X、Z 之间的函数关系。

在本例中重点来学习使用最简单的饼图（Pie）来展示各个班级的人数占比，在 ClassList 页面中将 Pie 组件拖动到数据列表的下方，然后在上方拖动创建一个 Label，修改文字为"各班级人数占比"（见图 10-22）。

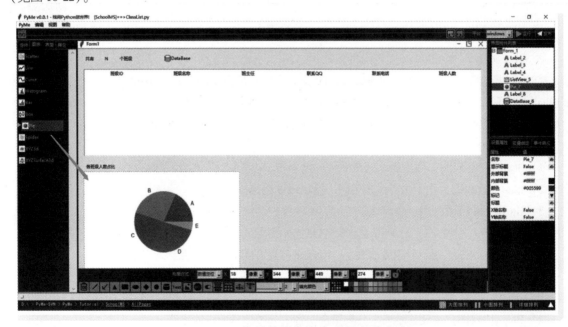

● 图 10-22　使用饼图表示各班级人数占比

创建完成后，双击进入代码编辑区，可以看到饼图的数据加载和代码显示。

```
#图表的加载数据函数
def Pie_7_onLoadData(uiName,widgetName,Figure):
    #创建 1 个子图
    a = Figure.add_subplot(111)
    #将子图对象保存到当前的变量中
    Fun.AddUserData(uiName,widgetName,'subplot111','object',a)
    #默认的 5 个数据和分类标签
    nums = [25,37,33,37,6]
    labels = ['A','B','C','D','E']
    #传入数据和分类标签显示饼图
    a.pie(x=nums,labels=labels)
```

10.2 PyMe 学院系统的逻辑实现

在完成了界面的控件和数据库组件创建后，本节来学习一下如何使用数据库组件来结合控件完成具体的数据库操作功能。与之前手动编写代码的方式相比，你将可以明显体会到这种低代码方式的强大之处。

▶▶ 10.2.1 班级信息数据的录入

在录入班级信息时，如果想要在用户单击"提交"按钮时将输入的数据插入数据库中，需要为"提交"按钮的 Command 事件增加一个"调用数据库操作"处理（见图 10-23）。

● 图 10-23 对提交按钮调用数据库操作

在弹出的"调用数据库操作"对话框中可以对数据库操作事件进行设定，注意这是一个非常重要的可视化设置窗口，大多数一般性数据库操作都在这个对话框中处理。首先请选择"数据库名称"和"数据表名称"分别对应创建出来的数据库组件 DataBase_14 和数据表名 pymeclass。因为要提交数据到表中用于增加一条新的记录，所以在"提交类型"中选择"增加记录"。然后将数据表中的字段名称与输入框进行绑定，以便增加记录操作时从对应的输入框来获取数据增加数据记录。在左边数字段名称列表中单击相应的字段名称，然后在右边"当前菜单输入控件"下拉列表中找到对应的输入框控件，单击"绑定控件"按钮（见图 10-24）。

● 图 10-24　设定要提交的控件数据

在绑定过程中也可以看到对应界面控件上显示的对应绑定字段信息，方便确认绑定是否正确，为需要录入的字段一一绑定界面上的输入控件后，单击"确定"按钮将可以在不编写代码的情况下，完成将编辑框信息提交到数据库表的过程。随后进入代码编辑区，可以看到以下代码被添加到"确定"按钮函数中。

```
#Button '提交' s Event:Command
def Button_13_onCommand(uiName,widgetName):
    dataBase = Fun.GetElement(uiName,"DataBase_14")
    Entry_4_value = Fun.GetText(uiName,"Entry_4")
    Entry_6_value = Fun.GetText(uiName,"Entry_6")
    Entry_8_value = Fun.GetText(uiName,"Entry_8")
    Entry_10_value = Fun.GetText(uiName,"Entry_10")
    Entry_12_value = Fun.GetText(uiName,"Entry_12")
    #调用 SQLCMD 函数执行一个 SQL 语句将输入框的内容插入到数据库中
    dataBase.SQLCMD("insert into pymeclass(classno,classname,classteacher,qq,phone)values
('"+Entry_4_value+"','"+Entry_6_value+"','"+Entry_8_value+"','"+Entry_10_value+"','"+Entry_
12_value+"')")
```

以上代码展示了如何在消息事件响应时从界面的输入控件提交数据到数据表，并执行相应的 SQL

语句，继续使用这种方式为 AddStudent、AddCourse、AddResult 三个界面进行数据的录入处理。

▶▶ 10. 2. 2　班级信息数据的查询

进入 ClassList 界面，想要实现界面在加载时自动将 pymeclass 表中的数据展现在 ListView 控件中，可以对 Form_1 的 OnLoad 事件增加"调用数据库操作"处理。

首先拖动一个数据库组件到界面上，并设置与 SQLServer 数据库进行连接（见图 10-25）。

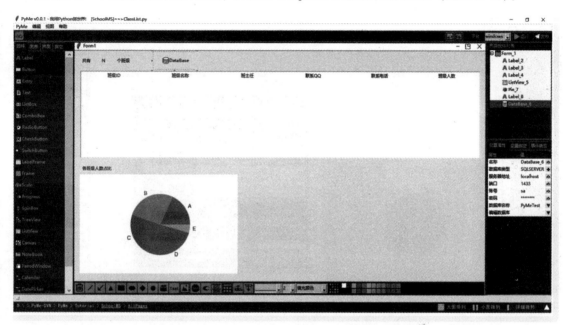

● 图 10-25　拖动创建出数据库组件并完成设置

然后用鼠标右键单击 Form1 空白处，并在弹出的菜单里选择"事件响应"的 Load 事件，然后单击"调用数据库操作"按钮，在弹出的对话框里进行以下设置。

选择数据表名称为 pymeclass，"提交类型"设置为"显示记录"，然后在左边的数据字段名称列表中选择 classid 字段，在右边"当前表单输入控件"中选择 ListView_5，这时会出现 ListView_5 的各纵列名称列表，选择"班级 ID"后单击按钮"绑定控件"按钮，这样就可以将 pymeclass 的 classid 字段与 ListView_5 的"班级 ID"绑定，从而实现在 ListView_5 中显示各个数据字段的值。使用这种方式，将字段与 ListView_5 中的各个列进行绑定，但需要注意的是，"班级人数"这一列并没有字段可绑定，它是一个需要查询获取的值，那该怎么办呢？

首先要明确，获取"班级人数"需要通过一个 SQL 语句从学生表中进行一次统计，但需要一个条件，这个条件就是让 SQL 语句知道哪个学生属于这个班级。类似的 SQL 语句一般如下。

```
select count(*) from pymestudent whereclassid = id
```

这里面有一个重要的字段，也就是班级表的主键 id，只要能取得这个 id 值，并调用 SQL 查询，就可以得到对应学生表中符合统计条件的人数。这需要分两步来完成。

第一步：在循环填充数据列表的班级信息时创建行变量，保存 id 值。

第二步：为数据列表"班级人数"列绑定学生表中符合条件的统计值。

首先，在这个"调用数据库操作"的面板中，为当前 pymeclass 的 id 字段绑定控件 ListView_5 的一个行变量，行变量可以让开发者在对表数据记录进行循环输出到数据列表控件时，每次循环临时创建一个变量值。在 PyMe 中提供了"行变量-A""行变量-B""行变量-C""行变量-D" 4 个变量供大家使用。这里选择"行变量-A"，有了这个行变量，每次循环时就会把当前记录的 id 值赋值给行变量（参见图 10-26）。

● 图 10-26　为 Form_1 的 Load 事件调用数据库操作

完成数据列表与表字段的绑定时，数据字段名称列表中有一项"记录总数量"字段，这是一个 PyMe 自动计算的变量，把它绑定到界面中需要显示记录数量的 Label_3 控件上，即可让它在事件被触发后显示出记录的数量。

下面来看一下其他的设置信息，如果需要设置查询条件，可以在条件索引处选择 SQL 语句中 WHERE 项的字段名称，并在后面的"比较类型""数值类型""数值结果"组合框和输入框中进行设置。

"数值类型"有 3 个可选值："固定数值""控件数值""用户变量"，下面分别展示与其相关的 3 个示例。

1）比如希望查询字段"班主任"为"小王"的班级，就可以设置查询条件索引为 classteacher，然后在"比较类型"组合框中选择=，数值类型组合框选择"固定数值"，并在后面的"数值结果"输入框中填写"小王"即可，这样的设置会产生"WHERE classteacher = '小王'"的效果。

2）比如希望查询字段 classid 为某输入框 Entry_1 中的数值，则可以设置查询条件索引为 classid，然后在"比较类型"组合框中选择=，数值类型组合框选择"控件数值"，后面的"数值结果"会变成一个组合框，在其中选择 Entry_1。这样的设置会产生"WHERE classid = ' Entry1 值'"的效果。

3）比如希望查询字段 classdate 早于为某控件 Label_1 自定义的用户变量 createdate，则可以设置查询条件索引为 classdate，然后在"比较类型"组合框中选择<，数值类型组合框选择"用户变量"，后面的"数值结果"会变成一个组合框，在其中选择 Label_1：createdate（str）。这样的设置会产生"WHERE classdate < ' createdate 值'"的效果。

在理解了上面 3 种条件设置的方法后，就可以在事件触发时进行基于条件限制的查询操作了。在这里暂时不需要设置查询条件，保持默认状态即可，将排序索引设置为 id，并选择"升序排列"，记录数量保持选择"所有记录"，单击"确定"按钮，这时会进入 Form_1_onLoad 函数。

```
def Form_1_onLoad(uiName):
    #取得数据库组件
    dataBase = Fun.GetElement(uiName,"DataBase_6")
    #调用数据库组件的 SQL 查询方法,获取结果记录集 RecordList 列表
    RecordsetList = dataBase.SQLQuery("select classno,classname,classteacher,qq,phone,id
from pymeclass order by id")
    TotalResultList = dataBase.SQLQuery("select count(*) from pymeclass")
    #如果结果记录集数量大于 0,则更新界面数据
    if len(RecordsetList) > 0:
        #取记录总数量显示到 Label_3 上
        Fun.SetText(uiName,"Label_3",TotalResultList[0][0])
        #取得数据列表控件
        ListView_5 = Fun.GetElement(uiName,"ListView_5")
        #清空原有的数据
        Fun.DeleteAllRows(uiName,"ListView_5")
        #定义一个记录索引变量
        RecordsetIndex = 0
        #循环取记录集中的记录并设置到数据列表控件的每一行
        for Recordset in RecordsetList:
            Fun.AddRowText(uiName,'ListView_5','end',values=(str(Recordset[0])))
            Fun.SetCellText(uiName,'ListView_5',rowIndex=RecordsetIndex,columnIndex=1,
text = str(Recordset[1]))
            Fun.SetCellText(uiName,'ListView_5',rowIndex=RecordsetIndex,columnIndex=2,
text = str(Recordset[2]))
            Fun.SetCellText(uiName,'ListView_5',rowIndex=RecordsetIndex,columnIndex=3,
text = str(Recordset[3]))
            Fun.SetCellText(uiName,'ListView_5',rowIndex=RecordsetIndex,columnIndex=4,
text = str(Recordset[4]))
            #创建的行变量 LVRowVar_A 记录了 pymeclass 表中的 id 值
            LVRowVar_A = Recordset[5]
            RecordsetIndex = RecordsetIndex + 1
```

"班级人数"部分的填充还未完成，但已经创建了行变量并进行了赋值，还需要继续完成第二步：为数据列表"班级人数"列绑定学生表中符合条件的统计值。这一步需要再次在 Form_1 的 Load 事件中调用数据库操作（见图 10-27）。

在调用数据库操作的设置中，需要选择 pymestudent 数据表，并将记录总数量字段与 ListView_3 的"班级人数"进行绑定，然后再选择条件索引为"classid=控件数值 ListView_3 的行变量-A"。

单击"确定"按钮后，在代码编辑器中看到行变量赋值语句后面增加了如下几行代码。

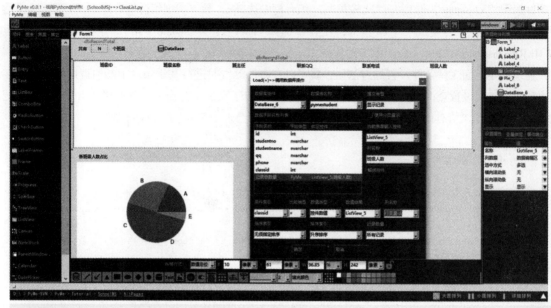

● 图 10-27 为 Form_1 的 Load 事件调用数据库操作

```
LVRowVar_A = Recordset[5]
#基于行变量 A 进行查询,得出班级人数
ListView_5_value = LVRowVar_A
RecordsetList_LVRowVar_A = dataBase.SQLQuery("select from pymestudent whereclassid="+str
(ListView_5_value)+"")
TotalResultList_LVRowVar_A = dataBase.SQLQuery("select count(*) from pymestudent where
classid="+str(ListView_5_value)+"")
#将统计结果设置到行"班级人数"单元格中
Fun.SetCellText(uiName,'ListView_5',rowIndex=RecordsetIndex,columnIndex=5,text=str
(TotalResultList_LVRowVar_A[0][0]))
RecordsetIndex = RecordsetIndex + 1
```

完成数据列表部分的功能后,下面来学习一下如何通过图表显示各班人数占比,首先需要创建一个列表存储循环中各班人数的数据。

```
#创建班级人数列表
StudentCountList = []
for Recordset in RecordsetList:
    ...
    Fun.SetCellText(uiName,'ListView_5',rowIndex=RecordsetIndex,columnIndex=5,text=str
(TotalResultList_LVRowVar_A[0][0]))
    #存储班级人数
    StudentCountList.append(TotalResultList_LVRowVar_A[0][0])
    RecordsetIndex = RecordsetIndex + 1
```

有了各班级人数列表后,在 Form_1_onLoad 函数最后加入以下代码对图表进行更新操作。

```
#获取一下图表的 Figure 对象
Figure = Fun.GetUserData(uiName,'Pie_7', 'ChartFigure')
```

```
#获取一下图表的默认子图
a = Fun.GetUserData(uiName,'Pie_7','subplot111')
#创建文字标签列表
labels = []
从记录集中获取各班级名称作为标签
for Recordset in RecordsetList:
    labels.append(Recordset[1])
#将数据和标签设置给饼图
a.pie(x=StudentCountList,labels=labels)
#通知 Figure 更新一下
Fun.UpdataChart(uiName,'Pie_7')
```

运行程序，可以看到在数据列表中显示出了 pymeclass 表中的所有记录和各班级的人数占比（见图 10-28）。

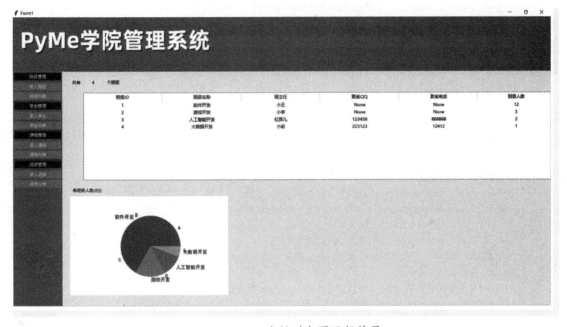

● 图 10-28 班级列表页运行结果

▶▶ 10.2.3 学生信息数据的录入

有了班级的信息后，下面进行学生数据的录入。打开 AddStudent 界面，在界面上有一些输入框，为了更方便输入，在这里将"所属班级"字段的提交数据从表 pymeclass 的 classname 字段中进行获取。首先在 Form1 的 OnLoad 事件中增加"调用数据库操作"处理，为 ComboBox_12 绑定 pymeclass 的 classname 字段，如果想在后面单击"提交"按钮时使用 ComboBox_12 选择项对应的主键 id 字段来进行提交以保证唯一性，就需要在选择 ComboBox_12 后勾选"绑定提交字段"复选框，在出现的"字段名称"选择框里选择 id 字段，这样在单击了"绑定控件"按钮后，PyMe 将把 classname 字段和 id 字段一并调用 SQL 语句进行查询，并将结果记录集的 id 值以列表的形式存入 ComboBox_12 的特定变量 ComboBox_SubmitValueList 中（见图 10-29）。

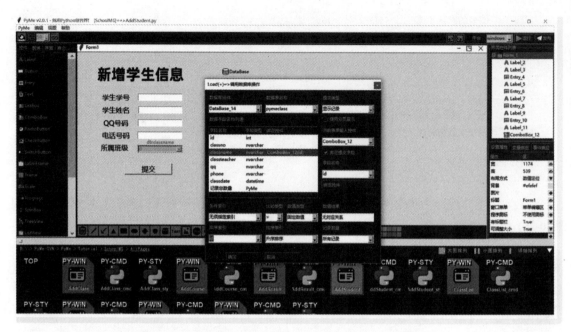

● 图 10-29　设置为 ComboBox 绑定显示文字和提交值

```
#界面 Form1 加载时调用的初始化函数
def Form_1_onLoad(uiName):
    #取得数据库组件对象
    dataBase = Fun.GetElement(uiName,"DataBase_14")
    #调用 SQL 查询语句将 classname 和 id 字段一并查询出来
    RecordsetList = dataBase.SQLQuery("select classname,id from pymeclass order by id")
    #调用 SQL 查询语句将查询结果总数量取出,留待使用
    TotalResultList = dataBase.SQLQuery("select count(*) from pymeclass ")
    if len(RecordsetList) > 0:
        #定义组合框用于存 id 字段的列表 ComboBox_SubmitValueList
        ComboBox_SubmitValueList = []
        #循环遍历结果数据集
        for Record in RecordsetList:
            #将 classname 字段结果文本值加入 ComboBox_12 中
            Fun.AddItemText(uiName,"ComboBox_12",Record[0])
            #将 id 字段结果数值存入到列表 ComboBox_SubmitValueList
            ComboBox_SubmitValueList.append(Record[1])
        #将 ComboBox_SubmitValueList 存入到 ComboBox_12 的用户变量
"ComboBox_SubmitValueList"中
        Fun.AddUserData(uiName,"ComboBox_12","ComboBox_SubmitValueList","list",
ComboBox_SubmitValueList,0)
        #设置 ComboBox_12 选中第一个
        Fun.SetCurrentValue(uiName,"ComboBox_12",RecordsetList[0][0])
```

　　运行后，进入"录入学生"页，可以看到此时所属班级组合框已经被填充了 pymeclass 表中的班级名称（见图 10-30）。

　　下面为"提交"按钮 Command 事件增加"调用数据库操作"处理进行数据提交，要注意的是，

在选择绑定字段为 ComboBox_12 时,"提交数值类型"处会出现"选项索引""选项文本""初始定义字段"3 个选项。分别代表使用 ComboBox_12 选中项的索引值、文本值和之前设定的 id 字段作为提交值。这里选择"初始定义字段"选项(见图 10-31)。

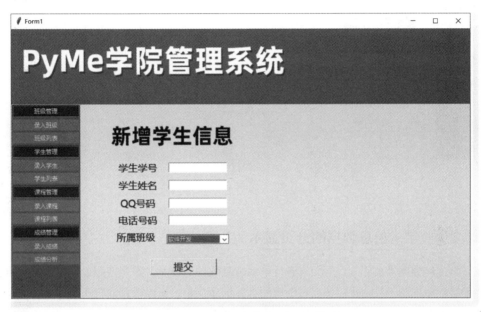

● 图 10-30 录入学生页运行结果

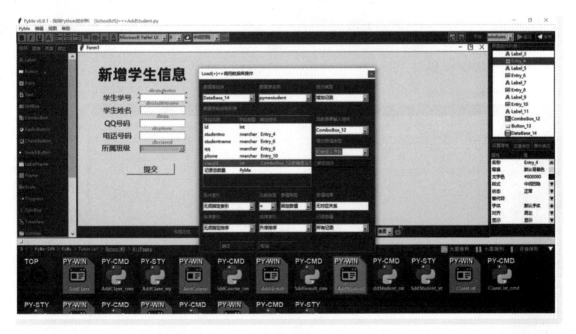

● 图 10-31 设置使用初始定义字段提交

单击"确定"按钮,运行测试一下,在输入信息后提交数据,可以看到弹出的提示(见图 10-32)。

● 图 10-32　完成录入后的提示

▶▶ 10.2.4　学生信息数据的分页显示

完成了学生的数据录入部分，下面来进行学生信息数据的显示。首先按照设计草图把界面创建出来。因为学生数据记录一般会比较多，一个页面难以展示完整，所以要用到分页显示。本节将学习如何使用分页功能对结果记录集进行分页显示，主要包括 3 个部分的功能。

1）在组合框中选择班级，数据列表中会显示所选择班级中的当前页的学生信息列表。

2）通过右下角的分页按钮跳转到相应的页面。

3）在顶部显示当前页的学生记录起始条目和结尾条目。

完成后的界面如图 10-33 所示。

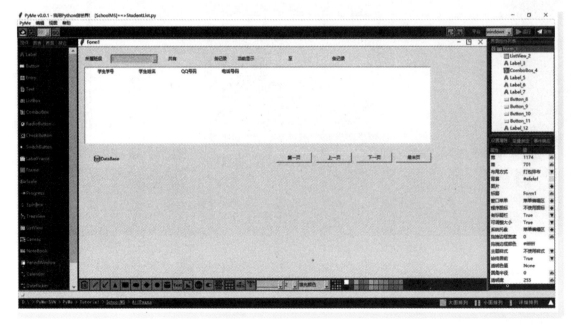

● 图 10-33　学生列表界面展示

下面首先为组合框创建相应的列表值，依照之前的方法，在界面的初始化函数中为组合框填充数据表 pymeclass 的 classname 字段，并设置绑定控件 ComboBox_4 和提交字段为 id（见图 10-34）。

● 图 10-34　填充所属班级组合框的显示文字

单击"确定"按钮后，PyMe 就会对 ComboBox_4 的数据进行填充，接下来需要在选择不同的班级时，中间的数据列表显示不同的班级学生分页信息。可以在 ComboBox_4 上用鼠标右键单击，在弹出菜单里选择事件响应，单击组合框 ComboboxSelected 的"选中列表项"下的"调用数据库操作"按钮（见图 10-35）。

● 图 10-35　创建切换组合框后的事件响应函数

单击"调用数据库操作"按钮，在弹出的数据库操作设置对话框里，选择数据表名称为
pystudent，"提交类型"设置为"显示记录"。这里要注意的是，需要勾选"使用分页显示"复选框，
勾选后会在左边的"数据字段名称列表"中出现"第一页""上一页""下一页""结尾页""总页
数""当前页数"等几个字段，这几个字段属于 PyMe 内建的分页变量字段。

表 10-7 列出了字段与控件绑定的关系。

表 10-7　学生列表控件中的字段名设置

字 段 名	绑定的控件名
studentid	ListView_2 的"学生学号"列
studentname	ListView_2 的"学生姓名"列
qq	ListView_2 的"QQ 号码"列
phone	ListView_2 的"电话号码"列
记录总数量	Label_6
第一页	Button_8，作为 Button_8 单击时的逻辑
上一页	Button_9，作为 Button_9 单击时的逻辑
下一页	Button_10，作为 Button_10 单击时的逻辑
结尾页	Button_11，作为 Button_11 单击时的逻辑
总页数	不需要
当前页数	不需要
起始记录索引	Label_13
结尾记录索引	Label_15

在这个表里，"第一页""上一页""下一页""结尾页"都是需要绑定到按钮上的，绑定后单击
按钮就会执行调用相应页面的代码。在界面上"当前显示　至　条记录"的文字部分有两个空白的
Label，分别是 Label_13 和 Label_15，用于显示当前页的记录从第几条开始到第几条结束（见图 10-36）。

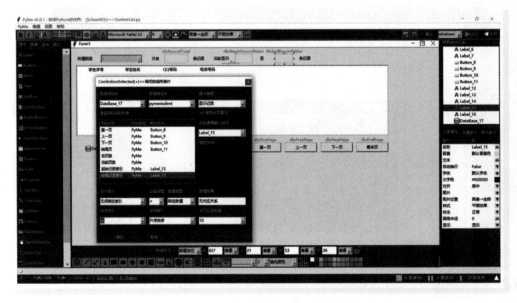

● 图 10-36　绑定各页切换按钮

完成这些设置后，要注意右下角有一个"本页记录数量"来设置每页显示的记录数量，这里设置为 10，单击"确定"按钮。

　　在代码编辑区可以看到增加了 5 个函数，分别是当前组合框选中后调用的 ComboBox_4_onSelect 函数和 4 个页跳转的按钮响应函数。

```python
def ComboBox_4_onSelect(event,uiName,widgetName):
    #取得当前的数据库组件
    dataBase = Fun.GetElement(uiName,"DataBase_17")
    #调用 SQL 语句选取前 10 条记录
    RecordsetList = dataBase.SQLQuery("select top 10 studentno,studentname,qq,phone from pymestudent order by id")
    #调用 SQL 语句选取表中总记录数量
    TotalResultList = dataBase.SQLQuery("select count(*) from pymestudent ")
    #调用数据库组件的分页计算函数,按每 10 条为一页生成分页信息
    dataBase.CalculatePages(int(TotalResultList[0][0]),10)
    #取得分页数量
    pageCount = dataBase.GetPageCount()
    #取得当前分页索引,默认为 0
    currPage = dataBase.GetPageIndex()
    #取得当前分页的记录起始索引,从 0 开始
    beginRecordIndex = dataBase.GetBeginRecordIndex()
    #取得当前分页的记录结束索引
    endRecordIndex = dataBase.GetEndRecordIndex()
    #如果有数据,将相关信息显示到界面上
    if len(RecordsetList) > 0:
        #在 Label_6 上显示总数量
        Fun.SetText(uiName,"Label_6",TotalResultList[0][0])
        #在 Label_13 上显示当前页的记录起始索引
        Fun.SetText(uiName,"Label_13",str(beginRecordIndex+1))
        #在 Label_15 上显示当前页的结束起始索引
        Fun.SetText(uiName,"Label_15",str(endRecordIndex+1))
        #取得数据列表,开始显示所有的数据行
        ListView_2 = Fun.GetElement(uiName,"ListView_2")
        Fun.DeleteAllRows(uiName,"ListView_2")
        RecordsetIndex = 0
        #遍历数据列表
        for Recordset in RecordsetList:
            #插入一个新行,将 studiono 字段数据作为第一列"学生学号"的数据
            Fun.AddRowText(uiName,'ListView_2','end',values=(str(Recordset[0])))
            #设置第二列"学生名称"为 studioname 字段数据
            Fun.SetCellText(uiName,'ListView_2',rowIndex=RecordsetIndex,columnIndex=1,
text = str(Recordset[1]))
            #设置第三列"QQ 号码"为 qq 字段数据
            Fun.SetCellText(uiName,'ListView_2',rowIndex=RecordsetIndex,columnIndex=2,
text = str(Recordset[2]))
            #设置第四列"电话号码"为 phone 字段数据
Fun.SetCellText(uiName,'ListView_2',rowIndex=RecordsetIndex,columnIndex=3,
text = str(Recordset[3]))
            #行索引递增
            RecordsetIndex = RecordsetIndex + 1
```

第一页按钮响应函数如下。

```python
#Button '第一页' s Event:Command
def Button_8_onCommand(uiName,widgetName):
    #取得当前的数据库组件
    dataBase = Fun.GetElement(uiName,"DataBase_17")
    #从这里到设置当前分页部分的代码,在各页面跳转函数中都是一样的
    #取得当前数据库查询结果的记录总数量
    recordCount = dataBase.GetRecordCount()
    #取得当前数据库查询结果的页面数量
    pageCount = dataBase.GetPageCount()
    #取得当前分页索引,默认为 0
    currPage = dataBase.GetPageIndex()
    #取得当前分页的记录起始索引,从 0 开始
    beginRecordIndex = dataBase.GetBeginRecordIndex()
    #取得当前分页的记录结束索引
    endRecordIndex = dataBase.GetEndRecordIndex()
    #设置当前分页索引为 0,这里是跳转到第一页的关键
    pageIndex = 0
    #从这里到结束的代码,在各页面跳转函数中也都是一样的
    dataBase.SetPageIndex(pageIndex)
    #如果是第一页
    if pageIndex == 0:
        #创建 SQL 语句,取得前 10 条记录
        sqlString = "select top 10 studentno,studentname,qq,phone from pymestudent order by id"
    else:
        #创建 SQL 语句,从当前页的起始记录取 10 条记录
        sqlString = "select top 10 studentno,studentname,qq,phone from pymestudent where id not in (select top "+str(pageIndex* 10)+" id from pymestudent) order by id"
    #调用 SQL 查询,取得查询结果
    RecordsetList = dataBase.SQLQuery(sqlString)
    #如果查询结果的记录条数大于 0,更新页面
    if len(RecordsetList) > 0:
        #在 Label_6 上显示总数量
        Fun.SetText(uiName,"Label_6",TotalResultList[0][0])
        #在 Label_13 上显示当前页的记录起始索引
        Fun.SetText(uiName,"Label_13",str(beginRecordIndex+1))
        #在 Label_15 上显示当前页的结束起始索引
        Fun.SetText(uiName,"Label_15",str(endRecordIndex+1))
        #取得数据列表,开始显示所有的数据行
        ListView_2 = Fun.GetElement(uiName,"ListView_2")
        Fun.DeleteAllRows(uiName,"ListView_2")
        RecordsetIndex = 0
        #遍历数据列表
        for Recordset in RecordsetList:
            #插入一个新行,将 studiono 字段数据作为第一列"学生学号"的数据
            Fun.AddRowText(uiName,'ListView_2','end',values=(str(Recordset[0])))
            #设置第二列"学生名称"为 studioname 字段数据
            Fun.SetCellText(uiName,'ListView_2',rowIndex=RecordsetIndex,columnIndex=1,text = str(Recordset[1]))
```

```
        #设置第三列"QQ 号码"为 qq 字段数据
        Fun.SetCellText(uiName,'ListView_2',rowIndex=RecordsetIndex,columnIndex=2,
text = str(Recordset[2]))
        #设置第四列"电话号码"为 phone 字段数据
Fun.SetCellText(uiName,'ListView_2',rowIndex=RecordsetIndex,columnIndex=3,
text = str(Recordset[3]))
        #行索引递增
        RecordsetIndex = RecordsetIndex + 1
```

"上一页""下一页""结尾页"按钮的逻辑实现，与"第一页"只是在 pageIndex 的计算有所不同。

"上一页"是对 pageIndex 进行减 1 操作，但要保证不能为负。

```
if pageIndex > 0:
    pageIndex = pageIndex - 1
```

"下一页"是对 pageIndex 进行加 1 操作，但要保证不能超过总页数。

```
if pageIndex < pageCount-1:
    pageIndex = pageIndex + 1
```

"结尾页"对 pageIndex 直接设置为总页数-1。

```
pageIndex = pageCount-1
```

这样就可以实现了分页和跳转。不过在此之前设定分页的记录数量为 10，所以要实现分页，需要多增加一些记录，比如这里增加了 12 条记录，运行后在"所属班级"里重新选择"软件开发"选项，就可以看到数据列表中显示了 10 条记录，并在上部显示总共有 12 条记录，当前显示第 1 至 10 条记录，显示结果见图 10-37。

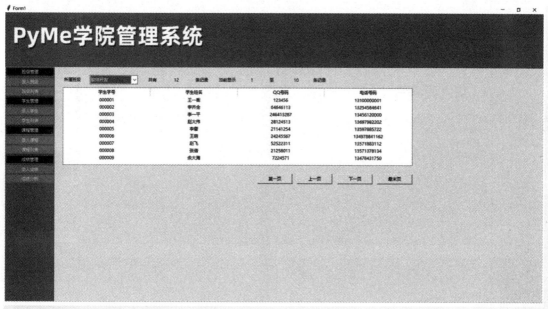

● 图 10-37   第一页数据

单击"下一页"或"最末页"按钮后，可以看到数据列表中显示了第二页的 2 条记录（见图 10-38）。

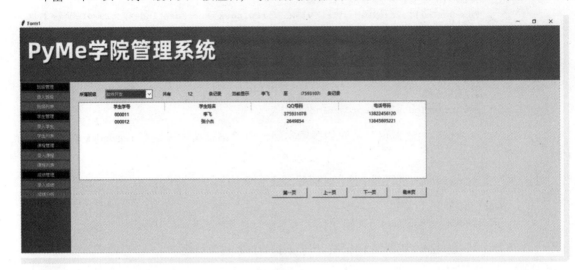

● 图 10-38 第二页数据

最后要注意就是在 Form_1_onLoad 中设置完 ComboBox_4 数据后加入以下代码。

```
ComboBox_4_onSelect(None, uiName," ComboBox_4")
```

以保证在界面打开时就显示第一个班级的学生。

▶▶ 10.2.5 课程录入与列表显示

经过前面几个小节的学习，读者已经掌握了数据库操作中增加记录和显示记录的方法。课程的录入与列表显示部分，参考之前的方法就可以完成这两页的功能和展示了，参考图 10-39 和图 10-40。

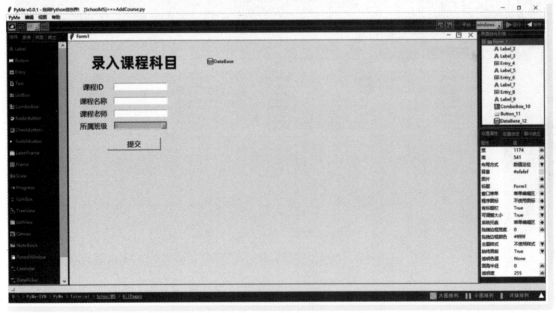

● 图 10-39 "录入课程"界面

● 图 10-40　设置填充列表各列的数据

▶▶ 10.2.6　使用多个动态下拉列表框提交成绩数据

在学生的成绩录入部分会使用到 3 个下拉列表框分别来对应学生的"所属班级""学生名称""学习课程"（见图 10-41）。需要在界面加载时在"所属班级"组合框中列出所有的班级，并默认选择第一个班级，然后在"学生名称"组合框中列出这个班级的所有学生名称，在"学习课程"组合框中列出这个班级的所有课程。

● 图 10-41　录入"学生成绩"界面

首先用鼠标右键在 Form_1 上单击，通过"事件响应"菜单项为 Form_1 的 Load 事件进行数据库提交。在 Load 事件的"调用数据库操作"对话框中选择数据表 pymeclass，然后将 classname 字段与"所属班级"的组合框进行绑定，在这里要注意，选择组合框 ComboBox_4 后，需要勾选组合框的下部"绑定提交字段"复选框，在下面的"字段名称"组合框中选择 id 选项，保证提交到数据库的字段是对应记录的 id 值（见图 10-42）。

● 图 10-42　填充"所属班级"组合框数据及提交字段

在单击"确定"按钮后，将进入代码编辑区，这里就不再赘述了。返回设计视图，然后选择"所属班级"组合框 ComboBox_4，右键单击，在弹出的菜单中选择"事件响应"菜单项，打开"ComboBox_4 事件响应处理编辑区"对话框，在左边的"控件事件列表"中选择事件"Combobox Selected（+）"，单击"调用数据库操作"按钮（见图 10-43）。

● 图 10-43　为"所属班级"组合框设定切换事件响应函数

在调用数据库操作的部分，先为"学生名称"组合框填充相应内容，选中数据表 pymestudent，再选择将 studentname 字段与控件学生名称组合框 ComboBox_6 进行绑定，设定 ComboBox_6 绑定提交字段为 id。然后进行条件索引的设置，将 classid 字段设置为等于控件所属班级组合框 ComboBox_4 的"初始定义字段"。这样就完成了从对应班级中列出学生名称填充到组合框 ComboBox_4（见图 10-44）。

● 图 10-44 填充"学生名称"组合框文本及填充值

单击"确定"按钮后回到界面设计视图，用同样的方法再次为"所属班级"组合框相同事件 ComboboxSelected 调用数据库操作，注意这次需要选择表 pymecourse，将 coursename 字段绑定到"学习课程"的组合框（见图 10-45）。

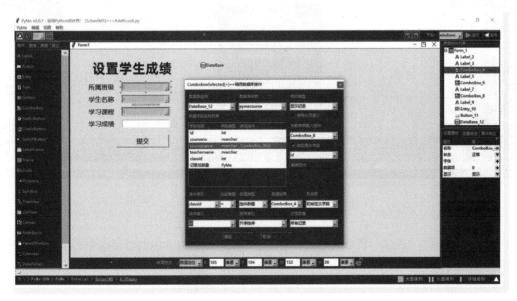

● 图 10-45 填充"学习课程"组合框文本及填充值

在完成了"所属班级"组合框 ComboboxSelected 事件处理后，还需要在 Form_1_onLoad 函数的最后一行调用以下代码。

```
ComboBox_4`onSelect(None,uiName,"ComboBox_4")
```

这样初始进入页面后就会看到学生名称和学习课程组合框中的数据了，最后按之前录入班级和学生的方式为"提交"按钮进行 Command 事件的数据库操作，完成数据的提交就可以了。

▶▶ 10.2.7　使用动态数据列查询学生的各科成绩

最后来看一下学生成绩各数据行的列表显示，在这个界面中将通过选择各个班级的组合框，来显示班级所有学生的各科成绩和平均分，创建出界面后加入用于选择班级的组合框和显示相应班级学生各科成绩的数据列表。

组合框部分只显示所有的班级，所以直接通过 Form_1 的 Load 事件为其填充各班级名称数据即可。在数据列表控件上有学号、姓名，以及各科目名称、平均分等字段。要想在列表中罗列出当前班级所有学生的科目成绩，需要在数据列表的"列数据编辑"对话框上通过 SQL 语句来填充列名称。

注意：只有在界面上加入数据库组件，才可以在"列数据编辑"对话框看到列名称右边的 SQL 按钮，如图 10-46 所示。

● 图 10-46　SQL 按钮

首先增加"学号""姓名"两个列名，然后单击 SQL 按钮，在弹出的对话框中可以按照以下 4 步从课程数据库表字段的查询结果中取得课程名称来填充当前列表的列名称。

第一步：选择数据库的组件，这里使用 DataBase_8（见图 10-47）。

第二步：选择数据表 pymecourse（见图 10-48）。

● 图 10-47　选择数据库组件

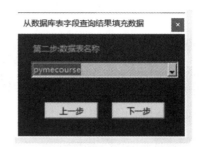

● 图 10-48　选择数据表

第三步：选择字段 coursename（见图 10-49）。

第四步：进行条件设置，这里就是 SQL 语句中的 Where 部分设置，选择 classid 选项并在下面的设置框里选择 =，编辑框里填写 pymeclass 表中第一个班级的 id 值 1（见图 10-50）。

● 图 10-49　选择字段名称

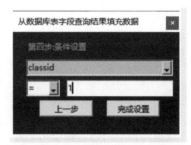

● 图 10-50　进行条件设置

单击"完成设置"按钮，在"列名称"的编辑框中会显示文字值 DataBase_8＞＞pymecourse＞＞coursename＞＞classid = 1，代表了从 DataBase_8 数据库组件中查询 pymecourse 数据表中的 classid = 1 的 coursename 字段值，将其加入列数据中，程序运行时会将其加载并解析，以生成相应的列名称。最后再增加一列"平均分"，作为最后一列，计算各科成绩的平均分，这样所有的列数据就设置好了（见图 10-51）。

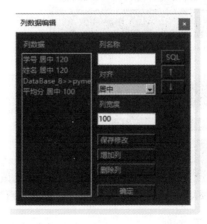

● 图 10-51　设置好的列数据

完成设置后，运行看一下效果（见图 10-52）。

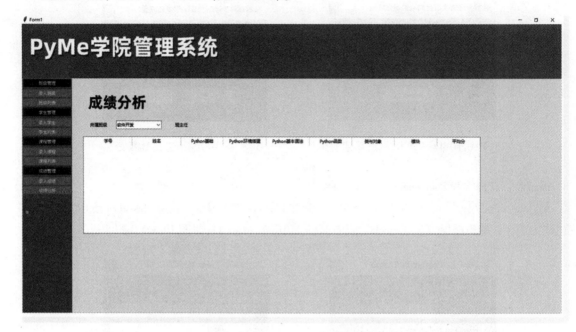

图 10-52　运行结果

可以看到，数据列表中的列名称前两个为"学号"和"姓名"，后面是各科的课程名称，最后是"平均分"。创建好数据列表项后进行数据值的填充，首先还是按照之前的方法，在 Form_1 的 Load 事件中单击"调用数据库操作"按钮，为"学号"和"姓名"填充数据，具体设置如图 10-53 所示。

图 10-53　列表项的数据填充设置

这里要注意设置 id 主键绑定到列表框的行变量-A，用于后面进行查询所用。

在完成了"学号"和"姓名"的填充之后，进入代码编辑器编写代码，完成从成绩表中取得学生的每一课程分数进行显示。

这部分的逻辑分成 3 部分来完成。

第一部分：首先从 pymecourse 数据表中获取 classid 和当前班级组合框匹配的记录，将对应的课程 id 号和对应数据列表控件列索引保存到列表中。

在 ComboBox_4_value = ComboBox_SubmitValueList［ComboBox_4_Index］这一行代码之后加入：

```
#通过 SQL 查询语句将当前班级的对应课程名称和 id 取出来存入列表 CourseInfoList
CourseInfoList = dataBase.SQLQuery("select coursename,id from pymecourse where classid
="+str(ComboBox_4_value)+" order by id")
#创建一个课程信息的字典,用来存储对应课程的 id 主键和在当前数据列表的列索引
CourseInfoDict = {}
#遍历查询结果,将名称设为字典的 Key 值,设置字典的值为列表[id 主键,默认索引-1]
for CourseInfo in CourseInfoList:
    CourseName = CourseInfo[0]
    CourseID = CourseInfo[1]
    CourseInfoDict[CourseName] = [CourseID,-1]
#取得课程的总数
CourseCount = len(CourseInfoDict)
#取得数据列表控件"ListView_7"
ListView_7 = Fun.GetElement(uiName,"ListView_7")
#取得列名称列表和数量
ColumnNameList =  ListView_7.cget('columns')
ColumnNameCount = len(ColumnNameList)
#遍历列名称,并判断是否在课程名称字典中,如果是课程名称,将列索引存到字典中
for columnIndex in range(0,ColumnNameCount):
    ColumnName = ColumnNameList[columnIndex]
    if ColumnName in CourseInfoDict.keys():
        CourseInfoDict[ColumnName][1] = columnIndex
```

第二部分：在填充数据列表的行记录时，需要按顺序从 pymeresult 表中获取当前学生的成绩记录，以 courseid 升序排列保存到列表中，并将成绩值填充到列表对应的课程列单元格中。在行变量赋值和循环索引递增行之间增加相应的逻辑代码。

```
#行变量赋值
LVRowVar_A = Recordset[2]
#判断课程总数是否大于 0
if CourseCount > 0:
    #创建当前行学生的总成绩变量 TotalCount
    TotalCount = 0
    #循环遍历所有的课程信息,进行 SQL 查询
    for CourseName in CourseInfoDict.keys():
        #取得课程 id
        CourseID = CourseInfoDict[CourseName][0]
        #取得对应的数据列表控件列索引
        ColumnIndex = CourseInfoDict[CourseName][1]
        #通过 SQL 语句查询当前学生的当前课程的成绩
        StudentCourseResultList = dataBase.SQLQuery("select  courseresult  from
```

```
pymeresult where studentid = "+str(LVRowVar_A)+" and courseid = "+str(CourseID))
                #如果能查到成绩
                if len(StudentCourseResultList) > 0:
                    #取得当前课程的成绩
                    StudentCourseResult = StudentCourseResultList[0][0]
                    #积累总成绩
                    TotalCount = TotalCount + StudentCourseResult
                    #将成绩填写到对应课程的单元格里
                    Fun.SetCellText(uiName,'ListView_7',rowIndex=RecordsetIndex,columnIndex
=ColumnIndex,text = str(StudentCourseResult))
                else:
                    #查不到成绩,在单元格里填 0
                    Fun.SetCellText(uiName,'ListView_7',rowIndex=RecordsetIndex,columnIndex
=ColumnIndex,text ="0")
            #完成循环后对总成绩进行计算,得出平均成绩
            AverageCount = TotalCount / CourseCount
            #计算出当前平均分所在单元格的列索引
            AverageIndex = 2 + CourseCount
            #在"平均分"单元格里填写平均分成绩
            Fun.SetCellText(uiName,'ListView_7',rowIndex=RecordsetIndex,columnIndex
=AverageIndex,text =str("%.2f"%AverageCount))
        #遍历数据列表时的记录索引递增
        RecordsetIndex = RecordsetIndex + 1
```

这样就完成了整个成绩单的信息填充。

第三部分:创建"所属班级"组合框增加选择项事件的响应函数,将 Form_1_onLoad 中刷新列表数据的代码转移到"所属班级"的组合框选择事件响应函数中,并确保每次选择班级选项后,能够对不同的班级进行行名称的重建和数据的刷新,最后的 ResultList_cmd.py 代码如下。

```
def Form_1_onLoad(uiName):
    #以下部分为从数据库获取班级名称和 id 主键列表,将名称列表设置为组合框的值列表,将 id 列表设置为"所
属班级"组合框 ComboBox_4 的提交值列表变量
    dataBase = Fun.GetElement(uiName,"DataBase_8")
    RecordsetList = dataBase.SQLQuery("select classname,id from pymeclass order by id")
    TotalResultList = dataBase.SQLQuery("select count(*) from pymeclass ")
    if len(RecordsetList) > 0:
        ComboBox_SubmitValueList = []
        for Record in RecordsetList:
            Fun.AddItemText(uiName,"ComboBox_4",Record[0])
            ComboBox_SubmitValueList.append(Record[1])
        Fun.AddUserData(uiName,"ComboBox_4","ComboBox_SubmitValueList","list",
ComboBox_SubmitValueList,0)
            #默认选择第一个名称
        Fun.SetCurrentValue(uiName,"ComboBox_4",RecordsetList[0][0])
            #把原来下面的部分代码都移至 ComboBox_4_onSelect 函数中
        ComboBox_4_onSelect(None,uiName,"ComboBox_4")
#ComboBox_4 的选项被选择后的响应函数
def ComboBox_4_onSelect(event,uiName,widgetName):
    #先获取数据列表对象
    ListView_7 = Fun.GetElement(uiName,"ListView_7")
    #清空所有的数据
```

```
     Fun.DeleteAllRows(uiName,"ListView_7")
     #取得数据库组件对象
     dataBase = Fun.GetElement(uiName,"DataBase_8")
     #取得"所属班级"组合框 ComboBox_4 的当前选择项索引
     ComboBox_4_Index = Fun.GetCurrentIndex(uiName,"ComboBox_4")
     #取得"所属班级"组合框 ComboBox_4 的提交值列表变量
     ComboBox_SubmitValueList = Fun.GetUserData(uiName,"ComboBox_4","
ComboBox_SubmitValueList")
     #取出对应班级名称的 id 主键值
     ComboBox_4_value = ComboBox_SubmitValueList[ComboBox_4_Index]
     #调用 SQL 查询出当前班级的所有课程,也就是上面第一部分的代码
     CourseInfoList = dataBase.SQLQuery("select coursename,id from pymecourse where classid
="+str(ComboBox_4_value)+" order by id")
     .....省略
     #调用 SQL 查询当前班级的所有学生的学号与学生名称,学生 id 主键
     RecordsetList = dataBase.SQLQuery("select studentno,studentname,id from pymestudent
where classid="+str(ComboBox_4_value)+" order by id")
     #调用 SQL 查询当前班级的所有学生总数
     TotalResultList = dataBase.SQLQuery("select count(*) from pymestudent where classid=
"+str(ComboBox_4_value)+" ")
     #循环遍历结果数据集进行数据列表控件的数据填充
     if len(RecordsetList) > 0:
         RecordsetIndex = 0
         for Recordset in RecordsetList:
             #取出学号作为第一列文本插入新的一行
             Fun.AddRowText(uiName,'ListView_7','end',values=(str(Recordset[0])))
             #取出学生姓名作为第二列文本
             Fun.SetCellText(uiName,'ListView_7',rowIndex=RecordsetIndex,columnIndex=1,
text = str(Recordset[1]))
             #第二部分的代码
             LVRowVar_A = Recordset[2]
             ...省略
```

运行一下,尝试着为学生们增加一些数据,切换到这一页可以看到成绩单结果(见图 10-54)。

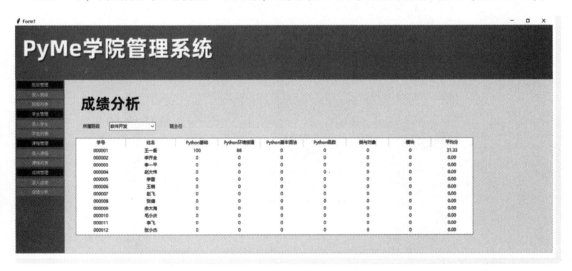

• 图 10-54 最终的成绩显示结果

从运行效率的角度看，会发现每一门课程的成绩查询是很慢的，开发者应该考虑在创建学生成绩表时，设定好成绩表中包含所有课程的字段，这样提交成绩时，一次性输入一个学生的所有学科课程成绩，在查询时，就不需要再多次调用 SQL 了。

到这里就完成了整个 PyMe 学院管理系统的开发工作，通过本例的学习，希望读者能够利用好 PyMe 掌握数据库软件的开发方法。

10.3 实战练习：开发一个账本小管家进行日常消费和统计

经过本章的学习，读者对于如何使用 PyMe 进行一个简单的数据库系统开发有了一定的掌握。所涉及的内容比较多，为了更好地理解据库组件的使用，下面再通过一个账本软件的实战练习来巩固一下相关知识。

在生活中会有收入和支出，为了能够更好地管理家庭的账务，本节设计一个"账本小管家"软件，主要包括以下功能。

- 登录判断：基本的账号和密码验证。
- 收入管理：收入录入和收入列表。
- 支出管理：支出录入和支出列表。
- 收支统计：能够展示各月的收入、支出总额，以及通过图表展示各收入、支出分类统计占比。

根据这 4 部分功能，界面设计如下。

1）登录判断：只有正确输入账号和密码才可以登录（见图 10-55）。

● 图 10-55　登录界面

2）收入管理：包括"录入收入"（见图 10-56）和"收入列表"（见图 10-57）两页。

● 图 10-56　"录入收入"界面

● 图 10-57 "收入列表"界面

3）支出管理：包括"录入支出"（见图 10-58）和"支出列表"（见图 10-59）两页。

● 图 10-58 "录入支出"界面

● 图 10-59 "支出列表"界面

4）财务分析："收支统计"一页，包括收入金额、支出金额、净收入的数据和收入、支出的分类占比饼图，当然也可以尝试通过直方图对分类消费频次进行更详细的展示（见图 10-60）。

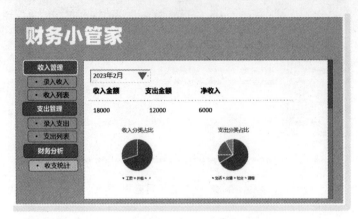

● 图 10-60 "收支统计"界面

在学习了如何调用 SQL 语句来进行统计查询和制作简单的饼图后，可以尝试其他的 matplotlib 图表，比如通过折线图或曲线图来对每个月的收入和支出做展现，或者通过直方图或柱状图来对每个月的消费分类的频次进行展现。这部分的使用可以参考本章饼图的使用方法，希望大家可以在实战中掌握各个图表的使用。

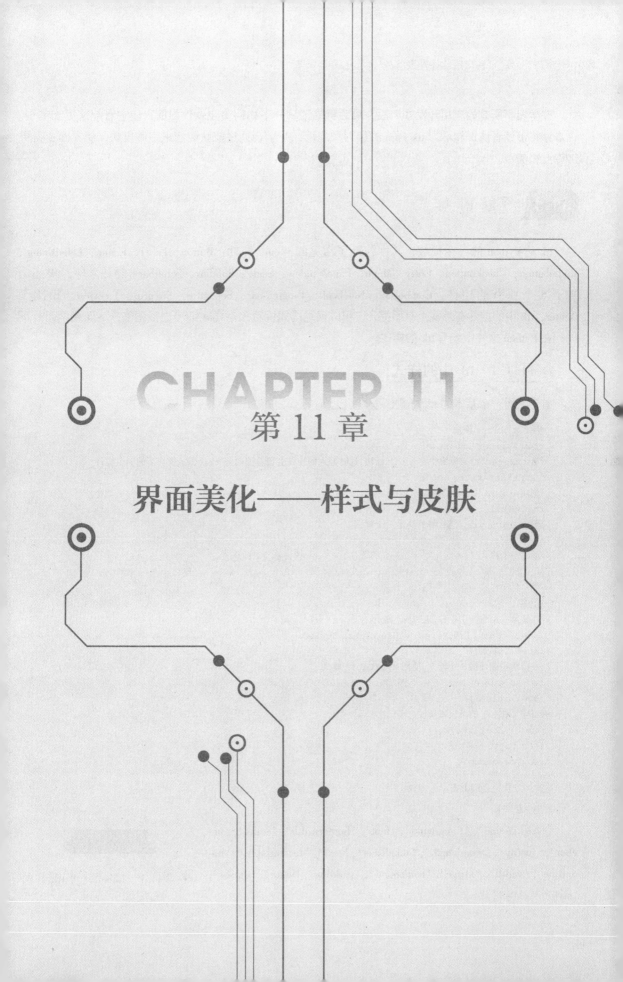

CHAPTER 11

第 11 章

界面美化——样式与皮肤

在学习了所有的应用开发知识后，最后再来了解一下如何美化软件界面，使它看起来更加美观。在本章将带读者认识和学习 ttk 样式的编写和应用，并学会通过皮肤商店来下载皮肤，使界面变得更加专业和美观。

11.1　了解 ttk 样式

ttk 是 Python 的一个模块，其中包括了常见的 tkinter 控件：Button、Label、Frame、LabelFrame、Radiobutton、Checkbutton、Entry、Menu、PaneWindow、Scale、Spinbox、Scrollbar。除此之外，ttk 还增加了 6 个独有的控件：ComboBox、Notebook、Progressbar、Separator、Sizegrip、Treeview。相比于 tkinter，ttk 中的控件在外观上有所提升，可以通过样式设置来对样式细节进行调整，下面来学习一下如何在 Python 文件中编写 ttk 的样式。

▶▶ 11.1.1　ttk 中的样式

首先来看一个基本的 ttk 样式例子。

```
#导入 tkinter 模块
from tkinter import *
#从 tkinter.ttk 模块中导入 ttk 模块,这时导入的控件会覆盖掉前面 tkinter 模块下的同名控件
from tkinter.ttk import *
#创建一个 TK 顶层窗体对象
root=Tk()
#创建一个 Style 对象,用于设置 ttk 样式
style1 = Style()
#创建一个样式,样式名使用 TLabel,代表所有的 ttk 按钮都应用此样式
style1.configure('TLabel',background='green',foreground='red',font=('黑体',12))
#创建一个样式,样式名使用 My.TLabel
style1.configure('My.TLabel,background='blue',foreground='white',font=('黑体',12))
#在窗体中创建一个控件,这时默认使用 TLabel 样式
label1=Label(root,text='Use TLabel Style')
label1.pack()
#在窗体中创建另一个控件,使用 My.TLabel 样式
label2=Label(root,text='Use My.TLabel Style',style='My.TLabel')
label2.pack()
#打印 label1 的可设置属性
print(label1.keys())
#运行 root
root.mainloop()
```

运行效果见图 11-1。

输出结果：

['background', 'foreground', 'font', 'borderwidth', 'relief', 'anchor', 'justify', 'wraplength', 'takefocus', 'text', 'textvariable', 'underline', 'width', 'image', 'compound', 'padding', 'state', 'cursor', 'style', 'class']

● 图 11-1　Label 使用 ttk 样式

在这段代码中，演示了对两个 Label 进行样式设置的方法，可以看出，ttk 中的控件与 tkinter 库中控件在创建和使用方面没有明显差别，但在样式的设置上，ttk 控件通过一个 Style 对象来进行样式的设置，它就像字典一样，可以让开发者指定各类型控件的样式属性表，这些可设置的属性与 tkinter 也略有不同，大家在设置时要注意区别。

在 Style 的样式设置上，样式名称有严格的规定，如果要指定对当前界面中的所有某一类型控件进行设置，除了 TreeView 控件外，样式名称为"T+控件类名"的格式，如：

TLabel、TButton、TCheckbutton、TRadiobutton、TEntry、TCombobox、TFrame、TLabelFrame、TNotebook、TMenubutton、TPandwindow（注意是 TPandwindow 而不是 TPandWindow）、Horizontal.TProgressbar、Vertical. TProgressbar、Horizontal. TScale、Vertical. TScale、Horizontal. TScrollbar、Vertical. TScrollbar、TSizegrip、TSeparator。

而如果要为控件指定单独样式，则样式名的格式为：自定义名称.T+控件类名。如上面示例中的 My.TLabel。

手动设置样式非常不直观，那有什么好的方式么？在 PyMe 中，不管控件是属于 tkinter 库，还是属于 ttk 库，都不需要开发者关注，开发者只需要学会如何使用 PyMe 中的样式编辑器对控件进行样式定义和使用就可以了。

▶▶ 11. 1. 2　ttk 样式的编写

在 PyMe 中每次创建出一个界面，PyMe 都会自动创建出对应的样式文件，比如在 Project1.py 工程中可以看到 Project1_sty.py 文件，单击它就可以进入当前界面样式的编辑面板。

● 图 11-2　PyMe 中的样式编辑界面

在这个编辑界面中，左边是样式列表，所有创建的样式将会罗列在这里。顶部是一样式名称的输入区，输入一个自定义的样式名称后，选择控件类型，再单击"新增样式"按钮，就可以为界面中的当前控件增加一个样式。

比如尝试加一个 Title 名称，对应控件 TLabel，然后在左边列表框中选择 Title.TLabel 样式，这时会在右边显示各种可设置的样式属性供开发者选择和编辑（见图 11-3）。

● 图 11-3　创建样式

将 Title.TLabel 样式背景色设置为白色，文字色为蓝色，样式使用 Flat，字体设置为 15 号的粗体的 System 字体。在这个过程中，可以在属性行的左边通过红色的叉号按钮删除不需要设置的属性值，在属性设置的上面也可以看到对应控件的实时显示，编辑完后单击顶部的"保存样式"按钮，就可以将这些属性值都保存在指定的样式表中（见图 11-4）。

● 图 11-4　编辑样式

▶▶ 11.1.3　ttk 样式的应用

完成 ttk 样式的创建和编辑后，返回界面设计区，就可以为相应类型的控件进行样式设置了，用鼠标右键单击相应的控件，在弹出的菜单中就会出现"选择样式"菜单项，通过选择菜单项的子菜单项，当前控件就设置为对应的样式了（见图 11-5）。如果要为当前界面上的所有同类型控件都设置同一个样式，可以通过选择最后一项"同类型应用 Title.TLabel"菜单项来快速完成设置。

● 图 11-5　为控件设置样式

11.2　皮肤商店

为每一个控件编写样式还是太麻烦了，有没有什么更好的方法直接使用成熟的皮肤方案呢？

当然可以，在 PyMe 的商店中有一些官方和其他开发者提供的皮肤方案供大家使用，开发者可以直接从皮肤商店下载并应用，从而快速达到美化界面的效果。

▶▶ 11.2.1　下载皮肤与应用

要看到商店页面，首先要在 PyMe 的综合管理界面进行登录，登录成功后，切换到"皮肤商店"这一页，可以看到皮肤方案的列表（见图 11-6）。

在这些列表中，开发者可以根据需要选择相应的皮肤方案，单击右边的"价格"或"获取"按钮，则可进行下载（见图 11-7）。

安装完毕后，就可以在工程中进行使用了，比如进入计算器案例，在 Form_1 的属性栏里选择主题样式，在下拉列表中选择刚刚下载的 BlackGold.py 皮肤文件（见图 11-8），就对当前项目进行了此项皮肤的应用。

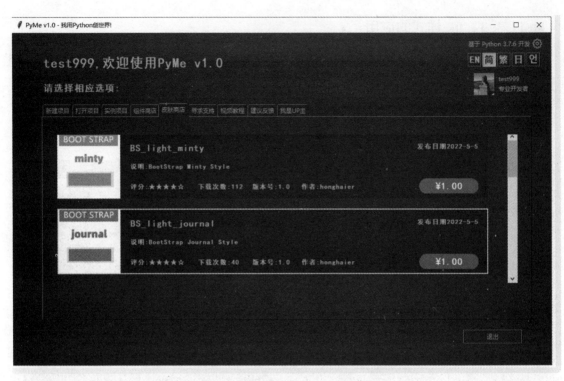

图 11-6　皮肤商店界面

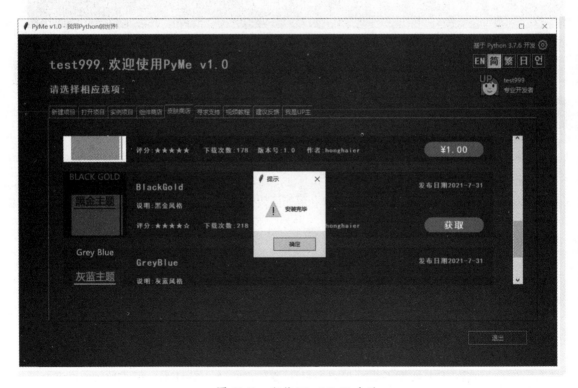

图 11-7　安装 BlackGold 皮肤

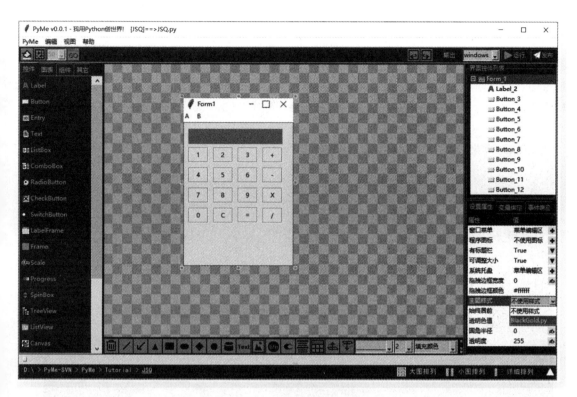

● 图 11-8　对界面应用皮肤

运行后就可以立即看到使用相应皮肤的界面效果（见图 11-9）。

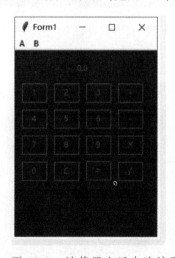

● 图 11-9　计算器应用皮肤效果

▶▶ 11.2.2　发布自己设计的皮肤

开发者可以通过皮肤商店下载皮肤方案，也可以将自己设计的皮肤方案发布到皮肤商店供其他开发者下载，如果设计得好，不但可以得到其他开发者认可，也可以通过皮肤商店的发布获得收入。那该怎么才能将皮肤发布到商店中呢?

PyMe 软件非常鼓励有开源精神的开发者将自己开发的功能模块、皮肤方案发布出来,提供给有需要的其他人。它提供了一个"UP 主"的申请入口,成为 PyMe 的开源 UP 主,就可以在项目商店、组件商店和皮肤商店中提交作品,作品需要通过官方的审核后才能发布。图 11-10 展示了申请成为"UP 主"的入口,单击"申请成为 UP 主"按钮后按照提示完成申请(图 11-11)。

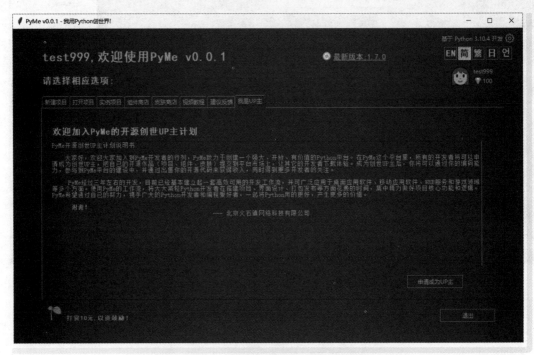

● 图 11-10　申请 UP 主入口

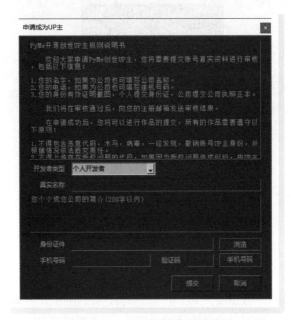

● 图 11-11　申请提交信息

完成信息注册的提交后，耐心等待审核完成就可以了。审核通过后，再次登录后切换到"我是UP 主"页，会出现如图 11-12 所示的界面。选择作品类型，单击"下一步"按钮，再选择工程目录、组件或皮肤文件，按照提示进行作品提交。等待作品被审核之后，就可以在相应商店中看到自己的作品了。

● 图 11-12　选择工程目录、组件、皮肤文件进行提交